职业教育信息技术类系列教材

Premiere职业应用案例教程

主　编　于　敏　欧倩芸

副主编　肖媚娇　杨　超　陈川川

参　编　周键飞　符　咏　杨晓亮

　　　　马开强　叶丽芬

U0279125

机 械 工 业 出 版 社

本书通过案例式教学模式，介绍了Premiere Pro CC 2018的使用方法。本书以培养职业能力为核心，共分为3篇，"基础篇""提升篇"和"综合篇"。"基础篇"帮助读者了解视频编辑的基本概念和Premiere的基本操作方法。"提升篇"将相关素材处理、视频特效、转场等知识点融入案例中，采用"学习指导、案例描述、案例分析、效果预览、操作步骤、课后练习、归纳总结"的思路进行编排，注重学习者兴趣的调动与培养，使读者在轻松、快乐的氛围中达成学习目标。"综合篇"继续撷取生动案例，帮助读者在前两篇学习的基础上，融会贯通，从根本上提升综合编辑能力。

本书适合作为各类职业院校数字媒体技术应用及相关专业的教材，也可以作为Premiere软件初学者的自学参考书。

本书配有电子课件、素材及视频，选用本书作为教材的教师可以从机械工业出版社教育服务网（www.cmpedu.com）免费注册下载或联系编辑（010-88379194）咨询。

图书在版编目（CIP）数据

Premiere职业应用案例教程/于敏，欧倩芸主编. —北京：机械工业出版社，2019.6
（2023.1重印）

职业教育信息技术类系列教材

ISBN 978-7-111-62795-1

Ⅰ．①P… Ⅱ．①龙… ②欧… Ⅲ．①视频编辑软件—职业教育—教材 Ⅳ．①TN94

中国版本图书馆CIP数据核字（2019）第126321号

机械工业出版社（北京市百万庄大街22号 邮政编码100037）

策划编辑：李绍坤　　责任编辑：李绍坤
责任校对：马立婷　　封面设计：马精明
责任印制：单爱军

北京虎彩文化传播有限公司印刷

2023年1月第1版第7次印刷
184mm×260mm・14.25 印张・333 千字
标准书号：ISBN 978-7-111-62795-1
定价：46.00元

电话服务　　　　　　　　　　网络服务

客服电话：010-88361066　　机　工　官　网：www.cmpbook.com
　　　　　010-88379833　　机　工　官　博：weibo.com/cmp1952
　　　　　010-68326294　　金　　书　　网：www.golden-book.com
封底无防伪标均为盗版　　机工教育服务网：www.cmpedu.com

前　言

Premiere是一款由Adobe公司推出的全球著名的视频编辑软件，其功能非常丰富，广泛应用于广告和电视节目制作当中。当前很多职业院校的计算机相关专业都将这个软件的应用作为一门重要的专业课程和必学的技能之一。为了使广大读者能够熟练地应用这个软件来进行影视编辑，编者在丰富的教学经验基础上，启用大量生动的案例编写了这本书。

本书采用Premiere Pro CC 2018中文版，根据职业院校学生的学习特点，融合先进的教学理念，采用案例式教学法，由浅入深，将枯燥的理论知识和烦琐的操作融合在每一个案例中，在提升读者兴趣的同时，达到提升技能、培养能力的目的。本书包含"基础篇""提升篇"和"综合篇"，充分兼顾职业学校学生和初、中级视频编辑人士的学习特点，在"基础篇"了解有关视频编辑的基本概念和Premiere的基本操作方法。在"提升篇"将相关素材处理、视频特效、转场等知识点融入案例中，采用"学习指导、案例描述、案例分析、效果预览、操作步骤、课后练习、归纳总结"的思路进行编排，注重学习兴趣的调动与培养，使读者在轻松、快乐的氛围中达成学习目标。"综合篇"继续撷取生动案例，帮助读者在前两篇学习的基础上，融会贯通，从根本上提升综合编辑能力。

本书提供每个案例的素材、项目文件和教学视频，读者可对照学习，提升学习效率。

各部分教学学时安排建议如下：

教 学 内 容		建 议 学 时
基础篇	第1章　视频编辑基础	1
	第2章　Premiere快速入门	2
提升篇	案例1　美丽的鸟世界——素材的处理	2
	案例2　跳伞运动——修改项目尺寸和剪辑视频	2
	案例3　天空阴晴变幻——特效综合运用	3
	案例4　枪战特工——特效综合运用	3
	案例5　春夏秋冬环球行——视频间基本的切换效果	2
	案例6　童真童趣——视频间无缝切换效果	2
	案例7　咏鹅——视频运动效果	3
	案例8　旅游宣传册——对象状态变化效果	3
	案例9　恭贺新年——创建文字和图形	3
	案例10　歌曲字幕——视频字幕样式	2
	案例11　乐器介绍——编辑和设置音频	2
	案例12　音乐欣赏——音频特效应用	2
综合篇	综合案例1　动物世界	4
	综合案例2　古诗词	4
	综合案例3　地形地貌介绍	4
总　　计		44

本书由于敏和欧倩芸担任主编，肖媚娇、杨超和陈川川担任副主编，周键飞、符咏、杨晓亮、马开强和叶丽芬参加编写。具体编写分工如下：于敏、周键飞编写了第2章、案例1、案例7～案例9以及综合案例1，欧倩芸、符咏编写了案例2、案例10～案例12、综合案例2和综合案例3，肖媚娇、杨晓亮编写了案例5和案例6，杨超、马开强编写了第1章，陈川川、叶丽芬编写了案例3和案例4。

由于编者水平有限，书中难免存在疏漏和不足之处，恳请各位读者批评指正。

编　者

目　录

基础篇

第1章 视频编辑基础

◆ 学习指导

本章主要介绍视频编辑的基础知识（包括：视频基础、音频基础和图像基础），为今后学习视频编辑打下良好基础。

一、视频基础

以下介绍视频的概念、视频的传播方式，以及数字视频剪辑的相关知识。Premiere视频编辑软件首页，如图1-1-1所示。综合编辑平台系统，如图1-1-2所示。

图1-1-1　Premiere视频编辑软件首页

图1-1-2　综合编辑平台系统

1. 视频的概念

人眼观察景物，光信号传入大脑神经，短时间内视觉现象并不会立即消失，这种残留的视觉称为"后像"，视觉的这一种现象则被称为"视觉暂留"。

连续的图像变化每秒超过24个画面以上时，根据视觉暂留原理，人眼无法辨别单幅静态的图像，看上去是平滑连续的视觉效果，这种连续的画面叫作"视频"。这些单独的静态图像称为"帧"，而这些静态图像在单位时间内切换显示的速度就是"帧速率"（也称为"帧频"），单位为帧/秒。典型的画面更新率由早期的6或8张至现今的每秒120张不等。帧速率决定了视频播放的平滑程度，帧速率越高，画面效果越顺畅；相反就会出现阻塞、卡顿的现象。

视频又称录像、录影、动态图像、影音、视像、视讯，泛指将一系列静态影像以电信号的方式加以捕捉、记录、处理、储存、传送与再现的各种技术。

视频技术最早是为了电视系统而发展的，如今已经发展成各种不同的格式，以方便消费者进行视频记录。网络技术的发达也促使视频影像以串流媒体的形式存在于互联网上并可被电脑接收与传播。现如今手机软件的简易快捷等应用优势也推动着短视频的传播与发展。

> **Tips**
>
> 帧就是视频动画中最小单位的单幅静态影像画面。一帧就是一副静止的画面，连续的帧就形成视频图像、动画等。
>
> 关键帧相当于二维动画中的原画。指角色或者物体运动或变化中的关键动作所处的那一帧。在Flash软件中，表示关键状态的帧叫作关键帧。
>
> 帧速率（帧频）就是1秒传输的图像帧数，静态图像在单位时间内切换显示的图像数量越多，帧速率越高，画面效果越平滑流畅。

2. 电视制式

电视信号的标准简称制式，可以简单理解为用来实现电视图像或声音信号所采用的一种技术标准。各国对电视影像制定的标准不同，其制式也有所不同。世界上主要使用的电视广播制式有PAL、NTSC、SECAM三种。

（1）PAL制式

PAL（正交平衡调幅逐行倒相制），主要在中国、英国、澳大利亚、新西兰和欧洲大部分国家采用。这种制式的帧频是25帧/秒，标准的数字化PAL电视标准分辨率为720像素×576像素，24bit的色彩深位，画面比例为4:3。PAL制式图像色彩误差小，兼容性好，对相位失真不敏感，但编码器和解码器都比NTSC制式复杂。

（2）NTSC制式

NTSC（正交平衡调幅制），主要在美国、加拿大、日本等国家采用。这种制式的帧频是30帧/秒，标准的数字化NTSC电视标准分辨率为720像素×480像素，24bit的色彩深位，画面比例为16:9。NTSC制式电视接收机电路简单，但存在相位易失真、色彩不稳定的缺点。

（3）SECAM制式

SECAM（行轮换调频制），主要在法国、俄罗斯和中东地区采用。这种制式的帧频是25帧/秒，画面比例为4:3，分辨率为720像素×576像素。SECAM制式的特点是不怕干扰，色彩效果好，但兼容性差。

3. 视频的色彩

色彩是人眼对于不同频率光线的不同感受。在色彩学中，人们建立了多种色彩模式，以一维、二维、三维甚至四维空间坐标来表示某一色彩。常用的色彩模式有RGB、HSV、HIS、LAB、CMY等。

（1）RGB模型

RGB色彩模式是工业界的一种颜色标准。通过对红（R）、绿（G）、蓝（B）（又称为三原色光）三个颜色通道的变化以及它们之间的相互叠加得到各式各样的颜色。通常采用如图1-1-3所示的单位立方体来表示。在立方体的对角线上，原色的强度相等，（0，0，0）为黑色，（1，1，1）为白色。正方体的其他6个角点分别为红、黄、绿、青、蓝和品红。

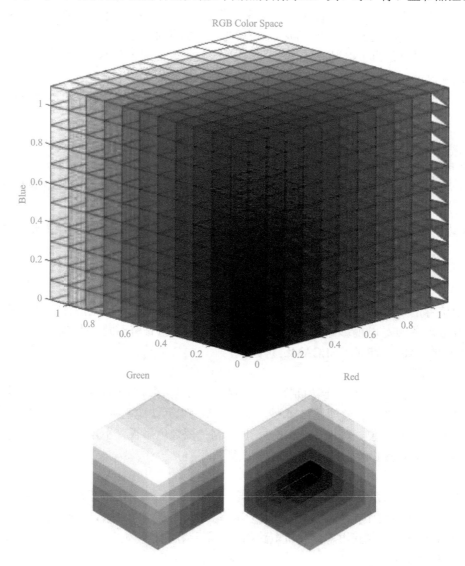

图1-1-3　RGB单位立方体

（2）HSV模型

HSV是根据颜色的直观特性创建的一种颜色空间，也称六角锥体模型，如图1-1-4所示。模型中的每一种颜色都是由色相、饱和度和明度表示的。H参数表示色彩信息。参数用角度量表示，红、绿、蓝分别相隔120°，互补色分别相差180°。纯度S范围从0～1，表示所选颜色的纯度和该颜色最大纯度之间的比率。S=0时，仅有灰度。V是色彩的明亮程度，范围从0到1。

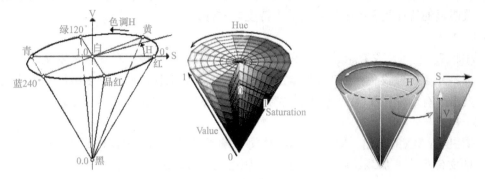

图1-1-4　HSV六角椎体模型

（3）色彩深度

色彩深度在计算机图形学领域，表示在位图或者视频帧缓冲区中储存1像素的颜色所用的位数，也称为位/像素。色彩深度越高，画面色彩颜色越多，表现力越强。计算机通常使用8位/通道（R、G、B）即24bit，如果加上一个Alpha通道，则可达到32bit。通常彩色深度可以设为4bit、8bie、16bit、24bit。

4．视频的常见模式

视频格式是视频播放软件为能够播放视频文件而赋予视频文件的一种识别符号。可分为本地播放影像视频格式和网络流媒体影像视频格式两大类。视频常见格式，如图1-15所示。

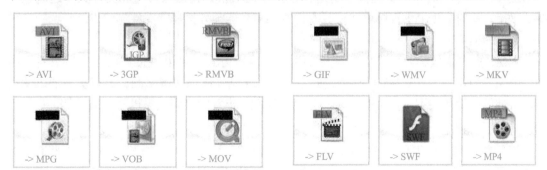

图1-1-5　视频常见格式列举图

（1）3GP

3GP是一种3G流媒体的视频编码格式，主要为配合3G网络的高传输速度而开发的，是目前手机中常见的一种视频格式。具备摄像功能的手机，拍出来的短片文件以3GP为扩展名。

（2）ASF

ASF（高级串流格式）是微软公司为了和Real Player公司竞争发展出来的可以直接在网上观看视频节目的压缩文件格式。由于使用了MPEG4的压缩算法，压缩率和图像质量都很不错。最明显的特征是各类软件对它的支持度非常好。

（3）AVI

AVI即音频视频交叉存取格式。在AVI文件中，运动图像和伴音数据是以交织的方式存储的，并独立于硬件设备。AVI具有非常好的扩充性和开放性，获得众多编码技术研发商的支持，几乎所有运行在PC上的通用视频编辑系统，都是以AVI文件格式为主。

（4）FLV

随着Flash MX的推出，Macromedia公司开发了属于自己的流媒体视频格式——FLV。它形成的文件极小、加载速度极快，FLV视频格式有效地解决了视频导入Flash后，导出的SWF格式文件体积庞大，网络使用受限等缺点。目前国内外主流的视频网站都使用这种格式的视频在线观看。

（5）MOV

MOV格式是美国Apple公司开发的一种视频格式。MOV视频格式具有很高的压缩率和较好的视频清晰度，它具有跨平台性、储存空间小的技术特点。采用了有损压缩方式的MOV格式文件，画面效果相对AVI格式要稍好一些。现在专业级多媒体视频处理软件Adobe After Effects和Adobe Premiere也可以对其进行处理。

（6）MPEG

MPEG是1988年成立的一个专家组，它的工作是开发满足各种应用的运动图像及其伴音的压缩、解压缩和编码描述的国际标准。MPEG系列国际标准已经成为影响最大的多媒体技术标准，对数字电视、视听消费电子产品、多媒体通信等信息产业影响深远。

（7）RMVB

RMVB格式是由RM视频格式升级的新型视频格式，相对RM格式其在保证平均压缩比基础上更合理地利用了比特率资源。对于静止和动作场面少的画面采用较低的解码速率，预留更多的带宽空间，大幅提高了运动图像的画面质量，在图像质量和文件大小之间达到有效平衡。同时，RMVB视频格式还具有内置字幕和无须外挂插件支持等优点。

（8）WMV

WMV格式是微软公司推出的一种采用独立编码方式，可以直接在网上实现观看视频节目的文件压缩格式。WMV视频格式的主要优点包括：本地或网络回放、可扩充的媒体类型、可伸缩的媒体类型、多语言支持、环境独立性、丰富的流间关系以及扩展性等。

5. 视频剪辑

视频剪辑属于多媒体制作软件范畴，是对视频源进行非线性编辑的软件。软件通过对加入的图片、背景音乐、特效、场景等素材与视频进行编排混合，对视频源进行裁切、合并，通过二次编码生成具有丰富表现力的新视频。

常用的视频剪辑软件有：Adobe After Effects、Adobe Premiere、Vegas、Euids、会声会影、爱剪辑，如图1-1-6所示。

图1-1-6　常见编辑视频软件图例

　　非线性编辑是借助计算机对素材进行数字化制作，突破单一时间顺序编辑限制，按各种顺序排列并能够多次编辑。非线性编辑需要专用的编辑软件和硬件。绝大多数电视电影制作机构都采用了非线性编辑系统。非线性编辑简易流程即输入、编辑、输出三个步骤。以Premiere Pro为例，编辑流程主要分5个步骤：素材采集与输入、素材编辑、特效处理、字幕音频编辑、输出和生成。

二、音频基础

以下介绍音频的概念、音频属性以及音频常见格式。

1. 音频的概念

　　人耳所能听到的声音都能称为"声音"，而音频只是储存在计算机里的声音文件。声音被录制后，用计算机文件储存下来，通过音频程序进行播放。音频指用来表示声音强弱的数据序列，描述声音范围、设备及作用。常见的音频声波数据振动如图1-1-7所示。

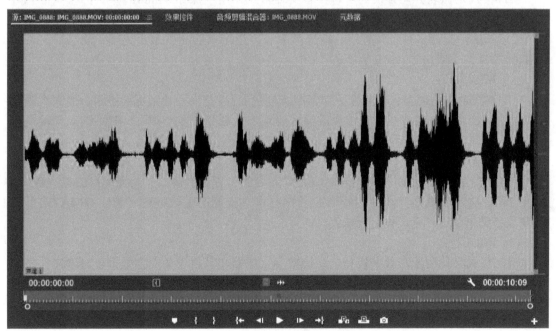

图1-1-7　音频声波数据振动

2. 音频的格式

　　数字音频的编码方式也就是数字音频格式。不同的数字音频对应不同的音频文件格式。常见音频格式有CD、WAV、MP3、WMA、MP4、MIDI、VQF、AAC、RealAudio等，如图1-1-8所示。

图1-1-8　常见音频格式图例

（1）CD

CD格式的音质是比较高的音频格式。标准CD格式为44.1kHz的采样频率，速率为1411Kbit/s，16位量化位数，CD音轨近似无损。在大多数播放软件的"打开文件类型"中都可以看到*cda格式。注意：不能直接复制CD格式的*.cda文件到硬盘上播放，需要使用像EAC这样的抓音轨软件把CD格式的文件转换成WAV。

> **Tips**
>
> 音轨就是音序器软件中一条一条的平行"轨道"。每条音轨分别定义了声音的属性，如音色、音色库、通道数、输入与输出端口、音量等。
>
> EAC（Exact Audio Copy）是一个抓取光碟音轨的转换工具。

（2）WAV

WAV格式是微软公司开发的一种声音文件格式，用于保存Windows平台的音频信息资源，被Windows平台及其应用程序广泛支持。该格式也支持MSADPCM、CCITTA LAW等多种压缩运算法，支持多种音频数字、取样频率和声道。WAV格式接近无损，压缩后文件体积相对较大。

（3）MP3

MP3格式全称是动态影像专家压缩标准音频层面3，是一种音频压缩技术。用来大幅降低音频数据量，将时域波形信号转换成频域信号，并划分成多个频段，对不同的频段使用不同的压缩率，保证信号不失真。MP3格式具有文件小、音质好的特点。

（4）WMA

WMA格式是微软公司推出的与MP3格式齐名的一种音频格式。相对于MP3格式WMA压缩比和音质方面更好，即使在较低的采样频率下也能产生较好的音质。WMA7之后的WMA支持证书加密，未经许可无法收听。

（5）MIDI

MIDI格式又称为乐器数字接口，允许数字合成器和其他设备交换数据。MID文件格式是由MIDI承接而来，MID文件并不是一段录制好的声音，而是记录声音的信息，通过声卡再现声音的一组指令。MID文件主要用于原始乐器作品、流行歌曲的业余表演、游戏音轨以及电子贺卡等。

（6）RealAudio

RealAudio是一种可以在网络上实时传送和播放的音乐文件的音频格式的流媒体技术。互联网网络传输速度较低，而RA文件压缩比例高，可以随网络带宽的不同而改变声音质量。此类文件有以下几种形式RA、RM、RMX，这些都是属于Real。

（7）VQF

VQF格式是雅马哈公司开发的音频格式，它的核心是减少数据流量但保持音质，以达到更高的压缩比，在音频压缩率上MPEG、MP3、RA都不及VQF。VQF文件体积小，便于网络传播，音质接近CD音质。在技术上很先进，但使用范围窄。

（8）AAC

AAC是高级音频编码的缩写，AAC是由Fraunhofer IIS-A、杜比和AT&T共同开发的一种音频格式，它是MPEG-2规范的一部分。AAC结合其他的功能来提高编码效率，与MP3的运算法则不同，它还同时支持48个音轨、15个低频音轨、多种采样率和比特率、多种语言兼容的能力和更高的解码效率。

三、图像基础

1．图像的概念

"图"是物体反射或透射光的分布，"像"是人的视觉系统所接受的图在人脑中所形成的印象或认识，它是人类社会活动中最常用的信息载体，例如，照片、绘画、地图、传真、卫星云图、影视画面、脑电图、心电图等都是图像。根据记录方式的不同图像可分为两大类：模拟图像和数字图像。模拟图像通过物理量（如光、电等）的强弱变化来记录图像的亮度信息，例如，模拟电视图像；而数字图像则是用计算机存储的数据来记录图像上各个点的亮度信息。

图像用数字描述像素点、强度和颜色。描述信息文件存储量较大，所描述对象在缩放过程中会丢失细节或产生锯齿。在显示方面它将每个点的色彩信息以数字化方式呈现，分辨率和灰度是影响显示的主要参数。计算机中的图像从处理方式上可以分为位图和矢量图。图像编辑界面，如图1-1-9所示。

图1-1-9　图像编辑界面图例

◗ Tips

位图又称为点阵图，是由像素（图像元素）的单个点组成的。位图是由不同的单一像素点排列组合而成，不能单独地对位图的一个部分进行操作。图像表面是一张巨大的像素点的表面，将位图放大时，每一个像素点就变成了一块块马赛克形状的斑点。

矢量图通常也称作向量图，是通过一些图形组合而成的，如点、线、面、填充色、边框等方式来表现出来的图像。在矢量文件中，图形就是对象，每一个对象都是一个单独的图形，并且每一个图形都具有形状、大小、颜色、轮廓灯多种属性。矢量图编辑过程中可对形状、大小、颜色等进行随意地调整。对画面进行缩小和放大，其效果是不会发生任何变化的。矢量图、位图对比图，如图1-1-10所示。

分辨率可从显示分辨率和图像分辨率两个方向分类。显示分辨率（屏幕分辨率）是屏幕图像的精密度，指显示器所能显示的像素的多少。显示的像素越多，画面就越精细，屏幕区域显示的信息也越多。图像分辨率则是单位英寸中包含的像素点数。

图1-1-10　矢量图、位图对比

2. 图像的格式

计算机中常用的图像存储格式有JPEG、GIF、BMP、TIFF、TGA、PSD、PDF等，如图1-1-11所示。

图1-1-11　常见图像格式

（1）JPEG

JPEG是一种高效压缩格式，文件扩展名为"*.jpg"或"*.jpeg"。它是最常见的图像文件格式。JPEG格式压缩的主要是高频信息，对色彩的信息保留较好，且是一种很灵活的格式，具有调节图像质量的功能，支持多种压缩级别，最大限度地节约网络资源，提高传输速度。JPEG广泛用于网络和光盘传输的图像。

（2）GIF

GIF即图像交换格式，是一种基于LZW算法的连续色调的无损压缩格式。GIF格式占用空间较小，适用于网络传输，常用于存储动画效果图片，且它可以在各种图像处理软件中通用。

（3）BMP

BMP是Windows系统的标准图像格式。它以独立于硬件设备的方法描述位图，采用位映射存储格式，各种常用的图形图像软件都可以对改格式的图像文件进行编辑。

（4）TIFF

TIFF格式是常用的位图图像格式，TIFF位图可具有任何分辨率和任何大小的尺寸，常用于打印、印刷输出的图像。TIFF是现存图像文件格式中较复杂的一种，它具有扩展性、方便性、可改性，可提供给图像编辑程序和IBM PC等环境中运行。

（5）TGA

TGA是由美国Truevision公司为其显示卡开发的一种图像文件格式，文件扩展名为"*.tga"。TGA的结构比较简单，属于一种图形、图像数据的通用格式，在多媒体领域有很大影响，是计算机生成图像向电视转换的一种首选格式。

（6）PSD

PSD格式是Photoshop软件中使用的一种标准图像文件格式，可以保留图像的图层、通道、蒙版等信息，有利于后续修改和特效制作。PSD格式是Photoshop制作和处理图像简易存储的格式，最大限度地保存数据信息，可在制作完成后再转换成其他图像文件格式。

（7）PDF

PDF格式又称可移植（或可携带）文件格式，具有跨平台、能保留文件原有格式、开放标准的特性，并包括对专业的制版和印刷生产有效的控制信息，可以作为印前领域通用的文件格式。

◆　知识拓展

所谓的视频采集就是将模拟摄像机、录像机、LD光盘机、电视机输出的信号，通过专用的模拟—数字转换设备，转换为二进制数字信号的过程。视频采集把模拟视频转换成数字视频，并按数字视频文件的格式保存下来。

第2章 Premiere快速入门

Adobe Premiere是由Adobe公司推出的一款编辑画面质量比较好的视频编辑软件，有较好的兼容性，且可以与Adobe公司推出的其他软件相互协作。目前这款软件广泛应用于广告制作和电视节目制作中。本书采用Premiere Pro CC 2018版本，欢迎界面如图1-2-1所示。

图1-2-1 欢迎界面

本章节主要介绍Premiere的基本操作界面，以及一段简短视频的完整制作过程，让大家快速掌握Premiere的基本操作方法，为日后的工作奠定基础。

◆ 学习指导

通过对本章的学习，让大家了解Premiere的启动方法和基本操作界面，并根据用户的习惯熟悉各面板的位置和大小的调整方法，掌握Premiere视频编辑的一般流程。

一、启动Premiere软件

启动Premiere软件后进入该程序的开始界面，用户可通过该界面快速打开最近编辑的几个影片项目文件，这里常用的还有"新建项目"选项和"打开项目"选项，如图1-2-2所示。

最近编辑的
影片项目文件

图1-2-2　开始界面

"新建项目"选项：可以创建一个新的项目文件进行视频编辑。

"打开项目"选项：可以开启一个在计算机中已有的项目文件。

当用户需要开始编辑一个新的项目工作时，需要先单击"新建项目"按钮，建立一个新的文件。此时会弹开"新建项目"对话框。在对话框中，可以设置项目存放的位置和项目的名称，还可以进行"常规"设置（如视频渲染和回放程序、视频显示格式、音频显示格式、捕捉格式），中间文件的"暂存盘"设置，以及"收录设置"，如图1-2-3～图1-2-5所示。

参数设置完毕后，单击"确定"按钮即可进入Premiere操作界面。

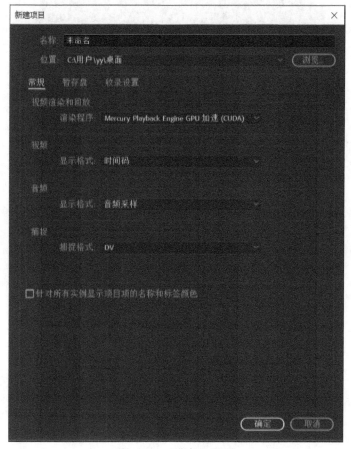

图1-2-3　"常规"设置

13

图1-2-4 "暂存盘"设置

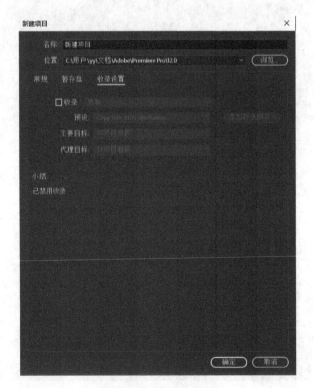

图1-2-5 "收录"设置

二、Premiere软件基本工作界面

Premiere 软件的基本工作界面包括菜单栏、工具栏、各工作区面板，如图1-2-6所示。

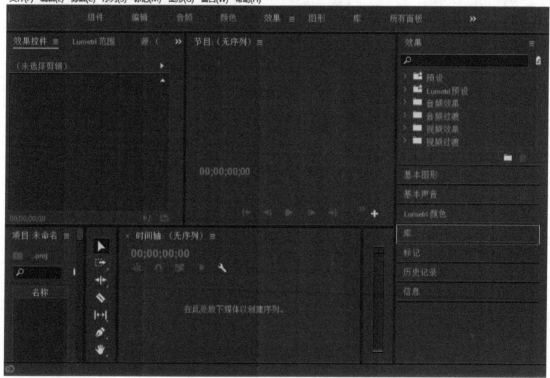

图1-2-6 基本工作界面

一份完整的作品需要多个任务组合完成，例如，采集视频、视频剪辑、创建字幕、制作转场特效等，通过各工作区面板的协作可以轻松实现各任务的编辑工作。

注意，此处的工作面板并不是一成不变的，用户可根据自己的需要随时更改各面板的显示情况以及大小位置，当鼠标放置在各面板边缘时，自动显示成■，可自由拖动成自己所需的形状大小。也可单击各面板上方的■按钮打开下拉菜单，自由选择是否需要"关闭面板"或"浮动面板"，如图1-2-7所示。

可以直接用鼠标拖动各面板，如图1-2-8所示，将面板拖动至蓝色区域，该面板将移动到"节目"面板的左侧。

由于版面有限和个人习惯问题，可将部分较少使用的面板收藏起来，对于没有显示出来的面板，可通过"窗口"菜单打开，如图1-2-9所示。

15

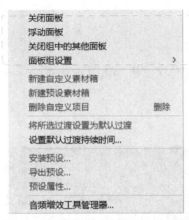

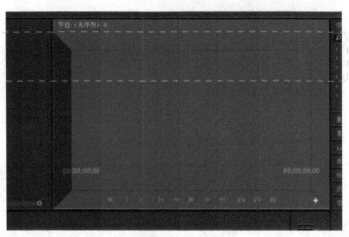

图1-2-7 "效果"面板设置下拉菜单   图1-2-8 移动面板

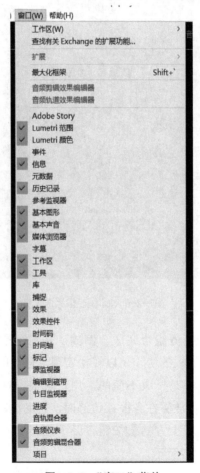

图1-2-9 "窗口"菜单

Tips

　　Premiere界面如何设置完全取决于个人的操作习惯和该作品所要用到的功能组件，不是一成不变的，灵活调整界面布局，有助于更好更快地完成作品，达到最佳效果。

【课后练习】

1）新建名为"我的Pr作业"的项目，采取默认设置，存储在指定位置。

2）将项目界面各面板按图1-2-10所示的位置调整。

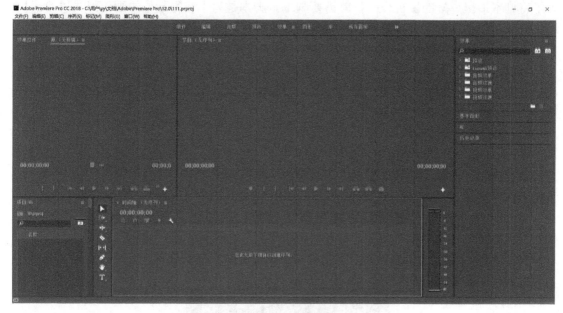

图1-2-10　调整界面

三、视频编辑的一般流程

通过本节的学习，让大家掌握在Premiere中视频编辑的一般流程，包括素材的简单处理，添加标题、转场、特效和背景音乐等。

【视频概览】

效果如图1-2-11～图1-2-16所示。

图1-2-11　添加文字

图1-2-12　添加转场1

图1-2-13　添加转场2

图1-2-14　添加转场3

图1-2-15　添加转场4

图1-2-16　添加转场5

【操作步骤】

1. 制定脚本和收集素材

任何一部好的视频作品，都离不开最初好的构思，将构思落实到文字就形成了剧本，为了将剧本拍摄成好的影视作品，就需要脚本。脚本是为了获得最佳的画面形式以及最快速地完成视频拍摄的一种重要手段。脚本和剧本不同，电影脚本一般会列出镜头的长度、景别、构图、配乐等很详细的信息。简言之，脚本是好的影视作品的首要保障。

素材是脚本的承载体，是实现创作者意图的最基本元素。在Premiere中，素材包括静态图片、动态视频、音频文件和字幕文件等。根据提前做好的脚本文件搜集相应的素材，存储在特定区域，就可以进行编辑了。

2. 建立Premiere项目

在Premiere中，文件是以项目的形式存在的。在项目中，可以方便地编辑视频的静帧图片、动态视频、音频、字幕等素材，形成用户所需的视频效果。项目中通过序列可以对各素材进行调整。

通过欢迎界面，新建项目将采用默认设置，也可以在载入项目后，执行"文件"→"新建"→"序列"命令，打开"新建序列"对话框，在"序列预设"选项卡中，选择DV-PAL为"宽屏32kHz"，以适应现在大多数的宽屏显示设备，该预设将声音品质指示为32 kHz。其他采用默认设置，如图1-2-17所示。

图1-2-17　新建序列

3. 编辑素材

在Premiere项目中，素材可以是动态视频、音频文件、静帧图片和序列。在表0-1中，显示了常用素材的格式。

表0-1　素材常见格式

媒　　体	文 件 格 式
视频	Video for Windows（AVI Type 2）、QuickTime（MOV）、MPEG和Windows Media（WMV、WMA）
音频	AIFF、WAV、AVI、MOV和MP3
静帧图片和序列	TIFF、JPEG、BMP、PNG、EPS、GIF、Filmstrip、Illustrator和Photoshop.

1）执行"文件"→"导入"命令，在对话框中选择"素材/第2章/风景"中的全部文件，导入至"项目：新建项目"中，如图1-2-18所示。

2）选中素材箱中的"风景视频.avi"素材，直接将其拖拽至"时间线"面板中，将视频素材添加到视频轨1中，如图1-2-19所示，选中该素材对应的音频，按<Delete>删除。

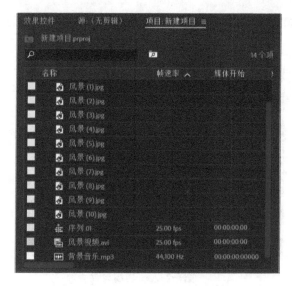

图1-2-18　"项目：新建项目"面板

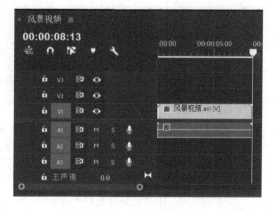

图1-2-19　插入视频素材

3）按<Shift>键，选择"风景（1）.jpg"和"风景（10）.jpg"，全选所有静态图片素材，直接拖动到"时间线"面板视频轨1中，再次全部选中图片素材，单击鼠标右键，在弹出的快捷菜单中，执行"速度/持续时间..."命令，打开"剪辑速度/持续时间"对话框，设置"持续时间"为"00:00:02:00"，并选中"波纹编辑，移动尾部剪辑"复选框，单击"确定"按钮，如图1-2-20所示。

图1-2-20　速度/持续时间

4. 添加转场和特效

在视频镜头切换时，适当添加转场可以使整个视频更加流畅、自然。Premiere中提供了大量的转场效果，在"效果"面板中的"视频过渡"选项卡中，应用合适的转场，会为制作的作品增色不少。

1）选择"效果"面板中的"视频过渡"→"3D运动"→"立方体旋转"转场，将其拖拽至"风景视频.avi"与"风景（1）.jpg"之间，如图1-2-21所示，单击该转场，在"效果控件"中，设置其"持续时间"为"00:00:01:00"，"对齐"为"中心切入"，如图1-2-22所示。

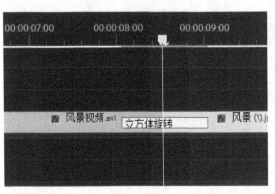

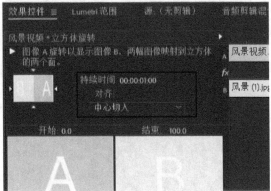

图1-2-21 "立方体旋转"转场　　　　　　　　　图1-2-22 转场设置

2）同理，设置各图片间的转场依次为：

① "风景（1）.jpg"和"风景（2）.jpg"之间转场：选择"划像"→"盒型划像"的转场，如图1-2-23所示。

② "风景（2）.jpg"和"风景（3）.jpg"之间转场：选择"擦除"→"棋盘擦除"的转场，如图1-2-24所示。

图1-2-23 "盒型划像"转场　　　　　　　　　图1-2-24 "棋盘擦除"转场

③ "风景（3）.jpg"和"风景（4）.jpg"之间转场：选择"擦除"→"螺旋框"的转场，如图1-2-25所示。

④ "风景（4）.jpg"和"风景（5）.jpg"之间转场：选择"沉浸式视频"→"VR球形模糊"的转场，如图1-2-26所示。

⑤ "风景（5）.jpg"和"风景（6）.jpg"之间转场：选择"溶解"→"胶片溶解"的转场，如图1-2-27所示。

⑥ "风景（6）.jpg"和"风景（7）.jpg"之间转场：选择"滑动"→"带状滑动"的转场，如图1-2-28所示。

图1-2-25　"螺旋框"转场

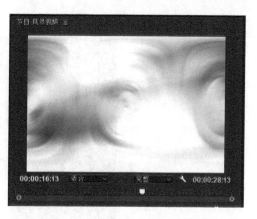

图1-2-26　"VR球形模糊"转场

图1-2-27　"胶片溶解"转场

图1-2-28　"带状滑动"转场

　　⑦ "风景（7）.jpg"和"风景（8）.jpg"之间转场：选择"缩放"→"交叉缩放"的转场，如图1-2-29所示。

　　⑧ "风景（8）.jpg"和"风景（9）.jpg"之间转场：选择"页面剥落"→"翻页"的转场，如图1-2-30所示。

图1-2-29　"交叉缩放"转场

图1-2-30　"翻页"转场

　　⑨ "风景（9）.jpg"和"风景（10）.jpg"之间转场：选择"溶解"→"渐隐为黑色"

的转场，如图1-2-31所示。

图1-2-31 "渐隐为黑色"转场

各转场按默认设置，完成效果如图1-2-32所示。

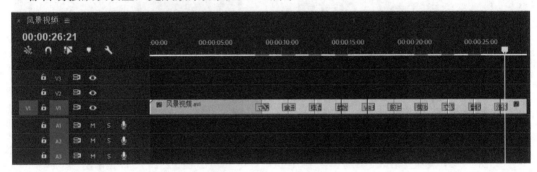

图1-2-32 转场效果

3）为了能让插入的素材适应屏幕的大小，需要设置视频效果。在"效果"面板中的选择"视频效果"→"扭曲"→"变换"特效，将其拖拽至"时间线"面板中的"风景视频.avi"上，在"效果控件"面板上设置"缩放"为"118.0"，这样视频将占满整个屏幕，如图1-2-33所示。

图1-2-33 设置视频效果

Tips

　　任何一个优秀的短视频，都是由多个要素构成的，流畅的播放效果、适宜的色彩搭配和有冲击力的特效设置，都是不可缺少的。所有的效果并非越多越好，在合适的位置放置合适的效果才能带来最大限度的视觉盛宴。如何做到为一个短视频增光添彩，将在后面的内容中深入讲解。

　　5. 添加字幕

　　1）执行"文件"→"新建"→"旧版标题"命令，打开"新建字幕"对话框，设置字幕名称为"祖国山河"，单击"确定"按钮。

　　2）在如图1-2-34所示中的右下角位置添加"祖国山河"字幕，设置"字体系列"为"华文行楷"，选中"填充"复选框，设置"颜色"为黄色，选中"阴影"复选框，设置"颜色"为黑色，关闭"字幕"对话框。

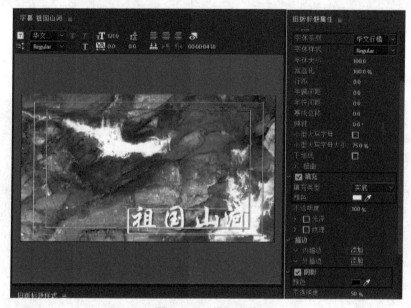

图1-2-34　设置字体

　　3）将做好的字幕存放在新建项目面板的素材箱中，在"播放指示器位置"输入200后，按<Enter>键，将时间标尺定格在2s位置，选中新建字幕，直接拖拽至序列时间线，字幕会自动黏附在时间标尺上，注意要放在视频上一层的时间线上，即轨道2上，否则将会覆盖原轨道上的素材。直接拖动字幕最右侧边缘至"风景视频.avi"结束处，如图1-2-35所示。

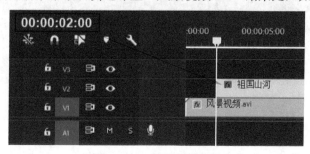

图1-2-35　设置字幕位置

6. 编辑音频

1）将素材库中的"背景音乐.mp3"直接拖拽至音频轨中，将时间标尺定格在00:00:28:13处，用"剃刀"工具从此处将音频剪断，选中后半部分，按<Delete>键将其删除，如图1-2-36所示。

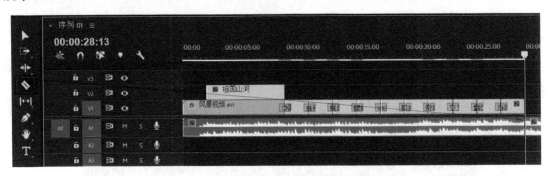

图1-2-36　剪辑背景音乐

2）为了结束自然，在音频结尾处添加"音频过渡"→"交叉淡化"→"恒定增益"过渡，并设置该效果"持续时间"为2s，如图1-2-37所示。

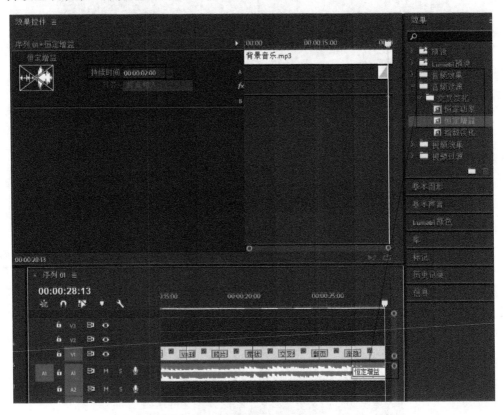

图1-2-37　音频过渡

7. 输出视频

如果需再次修改项目，则可直接以项目文件形式保存，执行"文件"→"另存为"命令，选择固定文件夹保存项目文件，方便下次编辑。

如果无需再次编辑，则可直接渲染成视频。执行"文件"→"导出"→"媒体"命令，打开"导出设置"对话框，设置"格式"为"H.264"，单击"输出名称"设置文件存储路径，文件名称为"祖国山河"，并选中"使用最高渲染质量"复选框，单击"导出"按钮，即可生成最终文件"祖国山河.mp4"，如图1-2-38所示。

图1-2-38　导出设置

【课后练习】

搜索相关素材，制作一段汽车宣传视频，要求：

1）长度不少于20s。

2）要有适当的字幕讲解和转场特效。

3）注意色彩搭配。

4）能够突出汽车的特点，给人以视觉震撼。

提升篇

案例1 美丽的鸟世界
——素材的处理

◆ 学习指导

通过本案例的学习，让大家掌握Premiere中素材的基本处理方法，包括素材颜色的处理、形状的变化以及视频的剪辑等。

◆ 案例描述

这个世界是一个五彩缤纷的世界，正是有了大自然的千姿百态，才让世界变得更加丰富多彩。大自然当中的生物千奇百怪，鸟类也是如此，有擅长飞翔的，有愿意待在地面的，有大的有小的。在这些鸟类当中，大部分雄鸟比较美丽，拥有绚丽的羽毛，而雌鸟的毛色却是相对灰暗。下面做一个鸟世界的视频，让更多的人一起来感受大自然的神奇魅力。

◆ 案例分析

1）大自然多是绿色的，可以将背景转换为绿色。
2）根据鸟的形状，可以适当添加蒙版配合鸟的造型。
3）静态图片和动态视频有机结合。

◆ 效果预览

效果如图2-1-1～图2-1-6所示。

图2-1-1　修改背景颜色

图2-1-2　图片不规则形状制作

图2-1-3　钢笔制作蒙版路径

图2-1-4　圆形蒙版

图2-1-5　突出主题

图2-1-6　视频剪辑

◆　操作步骤

1. 制作图片变形

1）执行"文件"→"导入"命令，导入本案例全部素材至素材箱中。

2）将"背景.mp4"素材直接从素材箱中拖动至视频轨1中，为该素材添加视频效果，在"效果"面板中，选择"视频效果"→"颜色校正"→"颜色平衡（HLS）"特效，直接将其拖动至视频轨1中的"背景.mp4"素材上，选中该背景，在"效果控件"面板中，设置"色相"为"109.0°"，改变"背景.mp4"素材颜色主色调为绿色，其他参数采取默认，如图2-1-7和图2-1-8所示。

图2-1-7　添加视频特效　　　　　　　图2-1-8　参数设置

3）在00:00:02:00处，将素材箱中的"鸟图片（1）.jpg"素材拖动至视频轨3中，延长播放时间至00:00:08:00处。为该素材添加视频特效，在"效果"面板中选择"视频效果"→"扭曲"→"边角定位"特效，将其直接拖动至"鸟图片（1）.jpg"上，在"效果控件"面板中，设置"边角定位"中"左上"为"X:−146.0、Y:−129.0"，"右上"为"X:213.0、Y:106.0"，"左下"为"X:−142.0、Y:446.0"，"右下"为"X:213.0、Y:205.0"，参数如图2-1-9和图2-1-10所示。

4）在00:00:03:00处，将素材箱中的"鸟图片（2）.jpg"素材拖动至视频轨4中，延长播放时间至00:00:08:00处。为该素材添加"边角定位"特效，设置"边角定位"中"左上"为"X:239.0、Y:71.0"，"右上"为"X:1033.0、Y:71.0"，"左下"为"X:601.0、

Y:310.0"，"右下"为"X:686.0、Y:310.0"，参数设置如图2-1-11所示。

5）在00:00:04:00处，将素材箱中的"鸟图片（3）.jpg"素材拖动至视频轨5中，延长播放时间至00:00:08:00处。为该素材添加"边角定位"特效，设置"边角定位"中"左上"为"X:551.0、Y:390.0"，"右上"为"X:906.0、Y:154.0"，"左下"为"X:551.0、Y:484.0"，"右下"为"X:906.0、Y:731.0"，参数如图2-1-12所示。

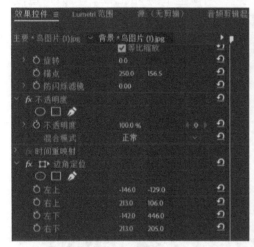

图2-1-9 "边角定位"参数设置

图2-1-10 视频显示效果

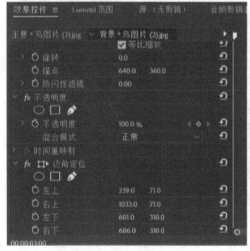

图2-1-11 "鸟图片（2）.jpg"的
"边角定位"参数设置

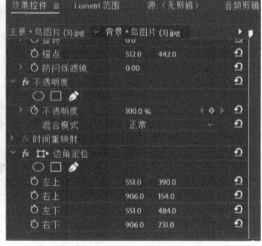

图2-1-12 "鸟图片（3）.jpg"的
"边角定位"参数设置

6）在00:00:05:00处，将素材箱中的"鸟图片（4）.jpg"素材拖动至视频轨6中，延长播放时间至00:00:08:00处。为该素材添加"边角定位"特效，设置"边角定位"中"左上"为"X:471.0、Y:343.0"，"右上"为"X:552.0、Y:343.0"，"左下"为"X:112.0、Y:593.0"，"右下"为"X:912.0、Y:593.0"，参数设置如图2-1-13所示。

7）执行"文件"→"新建"→"旧版标题"命令，添加"鸟字幕"素材，打开"字幕"对话框，在绘图区域四幅图的正中间插入"鸟"文字，在右侧属性栏中，设置"字体系列"为"方正舒体","字体大小"为"68.3",选中"填充"复选框,设置"颜色"为黑色,添加"外描边"的"类型"为"边缘",填充"颜色"为白色,其他参数采取默认,设置如图2-1-14所示。

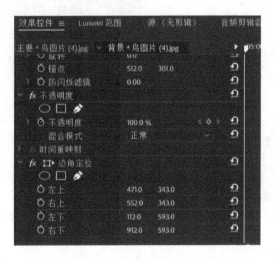

图2-1-13 "鸟图片(4).jpg"的"边角定位"参数设置

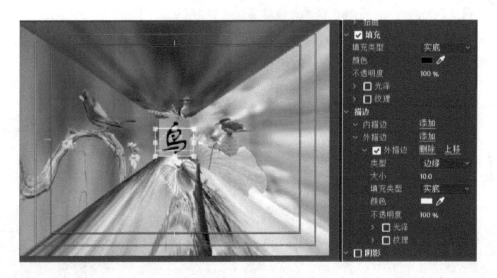

图2-1-14 添加"鸟"字幕

8)在00:00:01:00处,将素材箱中的"鸟字幕"素材拖动至视频轨2中,延长播放时间至00:00:08:00处。

2. 制作图片蒙版

1)在00:00:09:00处,将素材箱中的"鸟图片(5).jpg"素材拖动至视频轨2中,延长播放时间至00:00:12:00处。在"效果控件"面板中,设置其"位置"为X:493.0、Y:288.0,"缩放"为"76.0",选择"不透明度"中的"钢笔"工具📝,建立如图2-1-15所示的蒙版路径,并设置"蒙版羽化"为"54.4",参数设置如图2-1-16所示。

31

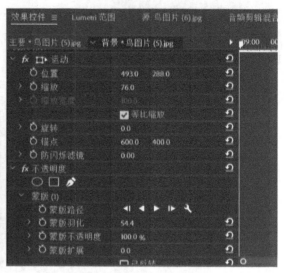

图2-1-15　制作蒙版路径　　　　　　　　　图2-1-16　蒙版参数设置

　　　制作蒙版路径时可能无法一次性完成操作，可以按<Alt>键切换成"转换锚点工具"，调整各锚点的左右手柄，修改曲线路径。

　　2）在00:00:13:00处，将素材箱中的"鸟图片（6）.jpg"素材拖动至视频轨2中，延长播放时间至00:00:16:00处。在"效果控件"面板中，设置其"位置"为"X:360.0、Y:258.0"，"缩放"为"128.0"，选择"不透明度"中的"圆圈"工具，建立如图2-1-17所示的蒙版路径，参数设置如图2-1-18所示。

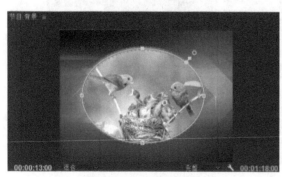

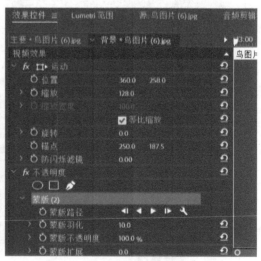

图2-1-17　制作蒙版路径　　　　　　　　　图2-1-18　蒙版参数设置

3. 制作图片其他效果

　　为了突出对象，在00:00:17:00处将素材箱中的"鸟图片（7）.jpg"素材拖动至视频轨2中，延长播放时间至00:00:20:00处。在"效果控件"面板中，设置其"位置"为"X:360.0、Y:288.0"，"缩放"为"67.0"，为该素材在"效果"面板中添加"视频效果"→"颜色校正"→"分色"特效，在"效果控件"面板中设置"脱色量"为"100.0%"，"要保留的颜色"为浅蓝色（R:75，G:125，B:180），"容差"为"19.0%"，参数设置如图2-1-19所示，完成图效果如图2-1-20所示。

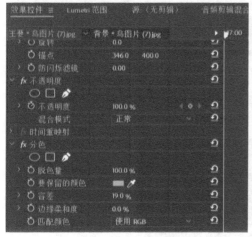

图2-1-19　分色特效参数设置　　　　　　　图2-1-20　完成图效果

4．视频剪辑

1）双击素材箱中的"鸟视频.mp4"视频，在"源"面板中，单击"播放"按钮▶，选择自己所需的片段，或者直接在时针指示器中输入00:00:51:21，按<Enter>键，单击"标记入点"按钮，至00:01:10:13处，单击"标记出点"按钮，如图2-1-21所示。然后在"序列"面板00:00:21:00处，单击视频轨2左侧的按钮，将视频轨2选作主视频轨，再在"源"面板中单击"覆盖"按钮，插入第一段裁剪视频。选择该视频对应的音频，按<Delete>键删除，如图2-1-22所示。

图2-1-21　视频剪辑

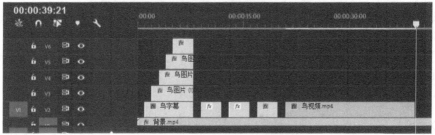

图2-1-22　在视频轨中插入视频

图2-1-23　点亮V1按钮

2）选中视频轨2中新插入的"鸟视频.mp4"素材，在"效果控件"面板中设置其"位置"为"X:360.0、Y:288.0"，"缩放"为"69.0"，如图2-1-24所示。

图2-1-24　视频参数设置

3）双击素材箱中的"鸟视频.mp4"素材，在"源"面板中截取00:01:57:28为入点，至00:02:23:26为出点，插入到视频轨2中00:00:40:16处，删除其对应的音频，如图2-1-25所示。

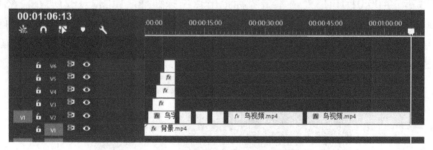

图2-1-25　插入第二段"鸟视频.mp4"素材

Tips

在剪辑视频时，仅使用"源"面板中的"播放"按钮或者使用鼠标拖动时针选择视频的出入点很难做到精确。在关键分割点附近，可使用"后退一帧"按钮◀和"前进一帧"按钮▶来微调，效果会更好。

4）选中视频轨2中新插入的"鸟视频.mp4"素材，在"效果控件"面板中设置其"位置"为"X:360.0、Y:288.0"，"缩放"为"69.0"。

5）用工具栏中的"剃刀"工具◆在00:01:06:08处，将视频轨1中的"背景.mp4"素材剪断，然后再将剩余部分按<Delete>键删除。

5. 渲染导出视频

执行"文件"→"导出"→"媒体"命令，输入文件名为"美丽的鸟世界"，设置存储路径，单击"导出"按钮，导出视频。

◆　课后练习

本案例只是涉及了几种素材处理方法，读者还可以多剪辑一些鸟类的视频片段，通过处理颜色、大小、位置等属性，突出主题，让更多的人感受到大自然的神奇和鸟世界的美丽。

◆　归纳总结

1）修改对象颜色时，可使用"图像控制""颜色校正"等视频特效，但注意应与制作主题相符合，否则将会起到反作用。

2）使用蒙版突出对象时，对于较复杂的轮廓抠图可使用Photoshop等外部软件辅助制作，效果更佳。

3）视频剪辑时注意分界点的设置，多使用"前进一帧"和"后退一帧"按钮，这样可以提高视频质量。

案例2 跳伞运动
——修改项目尺寸和剪辑视频

◆ 学习指导

通过跳伞运动的视频制作，让大家了解Premiere项目序列及素材的尺寸修改方法，并依据情境，剪辑视频素材，制作画面效果。

◆ 案例描述

跳伞运动已经成为全球较为普及的航空体育项目之一，也成为年轻人较时髦的极限运动之一，甚至被发展成为一种技巧高超的体育活动。最近彩虹影视公司接了一个跳伞俱乐部的宣传片拍摄任务，自己负责这个短视频的剪片工作。

客户提供了两段以前拍好的视频精彩瞬间，要求提取中间最精彩的10个小节，组合成一个精选宣传片，充分表现跳伞运动的魅力。

◆ 案例分析

1）"提取精选"意味视频不宜过长，3min之内即可。

2）视频本身可能有较混乱的背景声音，应该适当删减。

3）跳伞运动在空中拍摄，稳定效果较差，需要后期调整画面的稳定度。

◆ 效果预览

效果如图2-2-1～图2-2-6所示。

图2-2-1 修改素材与画布尺寸

图2-2-2 剪辑短视频

图2-2-3 消除入点和出点

图2-2-4 取消音频链接

图2-2-5 添加变性稳定器

图2-2-6 结束图

◆　操作步骤

1. 修改素材与画布尺寸

1）执行"文件"→"新建"→"项目"命令，打开"新建序列"对话框，在"序列预设"选项卡中，选择DV-PAL为"标准48kHz"，如图2-2-7所示。双击"项目"窗口空白处，导入"素材：单人跳伞.mp4"和"素材：多人跳伞.mp4"，如图2-2-8所示。

图2-2-7　新建序列大小　　　　　　　　　　图2-2-8　导入素材

2）将"单人跳伞.mp4"的素材拖入序列时间轴中，弹出"剪辑不匹配警告"对话框，如图2-2-9所示，单击"更改序列设置"按钮。这时所有素材的尺寸，将自动缩放为与序列画布一致的尺寸。

图2-2-9　"剪辑不匹配警告"对话框

Tips

即使在这里单击了"保持现有设置"按钮也没关系，可以在时间轴的素材上单击鼠标右键，在弹出的快捷菜单中，执行"设为帧大小"命令即可，如图2-2-10所示。

图2-2-10　将素材与画布匹配

2. 制作开始按钮

1）调整好素材尺寸后，由于只需要其中的小部分，所以先将时间轴上的素材删除。双击"项目"窗口处的"素材：单人跳伞.mp4"，在"源"素材窗口预览素材。

在"源"素材窗口的时间轴上，拖动滑块到时间00:00:10:03，单击"标记入点"按钮▐。

再把滑块拖动到时间00:00:12:00，单击"标记出点"按钮▐，入点与出点将精确地选定一段短视频，如图2-2-11所示。

2）单击右侧的"插入"按钮▐，则这段选定的素材将被剪切到序列的时间轴中，如图2-2-12所示。

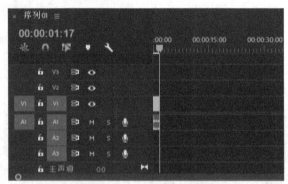

图2-2-11　入点与出点　　　　　图2-2-12　素材插入序列中

3）双击"项目"窗口处的"素材：多人跳伞.mp4"，在"源"素材窗口预览素材。在"源"素材窗口的时间轴上，拖动滑块到时间00:04:07:13，单击"标记入点"按钮▐。再把滑块拖动到时间00:04:41:07，单击"标记出点"按钮▐，入点与出点将精确地选定一段短视频，单击右侧的"插入"按钮▐，则这段选定的素材会在时间轴滑块的右边，添加第2段短视频，如图2-2-13所示。

图2-2-13　插入第二段视频

4）按照以上裁剪方法继续对剩下的短视频设置入点和出点，分别按照以下顺序插入时间轴中。

第1段：单人跳伞00:00:10:03～00:00:12:00（前面已完成）。

第2段：多人跳伞00:04:07:13～00:04:41:07（前面已完成）。

第3段：单人跳伞00:03:55:07～00:04:05:11。

第4段：多人跳伞00:00:46:14～00:01:08:00。

第5段：单人跳伞00:00:41:22～00:00:53:08。

第6段：多人跳伞00:03:17:28～00:03:26:26。

第7段：单人跳伞00:02:23:07～00:02:26:11。

第8段：多人跳伞00:05:24:09～00:05:58:27。

第9段：单人跳伞00:01:32:25～00:01:36:25。

第10段：单人跳伞00:00:23:07～00:00:41:21。

Tips

　　如果需要消除"入点标记"，则可按<Ctrl+Shift+I>组合键。如果需要消除"出点标记"，可按<Ctrl+Shift+O>组合键。

3. 去除音频

1）在时间轴的素材上，单击鼠标右键在弹出快捷菜单，执行"取消链接"命令，如图2-2-14所示，即可解除影像与音频的链接。

2）单击选中不需要的音频，按<Delete>键删除即可，如图2-2-15所示。

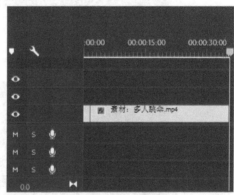

图2-2-14　取消链接　　　　　　　　　　　图2-2-15　删除音频

4. 使用"变形稳定器"减少画面的摇晃感

1）打开"效果"面板，在搜索栏中搜索"稳定"，找出"变形稳定器"，如图2-2-16所示。

2）用鼠标左键抓住"变形稳定器"前的小图标 **□**，拖动到第一条短视频中，松开鼠标，该视频前面的"fx"标志变成紫色，即可套用该效果，如图2-2-17所示。

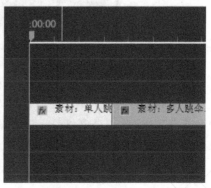

图2-2-16　变形稳定器　　　　　　　　　　图2-2-17　套用变形稳定器

3）打开"效果控件"面板，进入效果编辑页面，如图2-2-18所示。

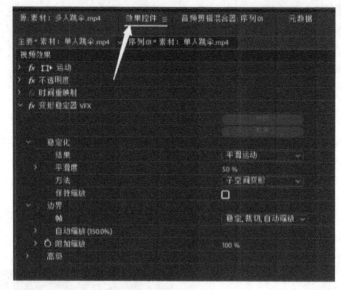

图2-2-18　效果控件

在"平滑度"选项中，修改数值为"80%"，如图2-2-19所示。

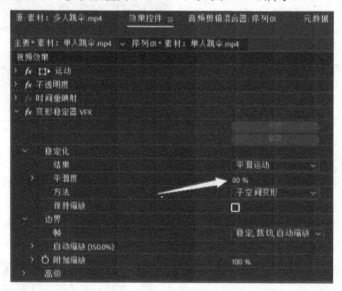

图2-2-19　修改平滑度

Tips

　　平滑度可根据视频的摇晃程度修改，不需要太多平衡修改的用40%即可，摇晃严重的画面可以改为90%，不建议超过100%。要注意的是，平滑度数值越大，视频中出现的黑边越多。

4）修改完平滑度后需要稍等一会，让系统计算稳定效果，通常会出现这样的画面，如图2-2-20所示。

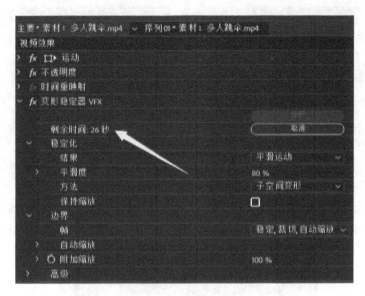

图2-2-20 等待稳定处理

待图2-2-20中箭头处的计时消失后，该视频的稳定处理完毕，可以单击"播放"按钮预览效果。如果不满意，则可以重复以上操作，反复修改。

5）根据此方法，将10个短视频分别使用"变形稳定器"进行稳定处理。

5. 插入老鹰的图像做Logo

1）导入"素材：老鹰图.jpg"，将图片拖至视频2轨道上，如图2-2-21所示。

2）在"效果"面板中，选择"视频效果"→"键控"→"颜色键"效果（或直接搜索"颜色键"字样），如图2-2-22所示。

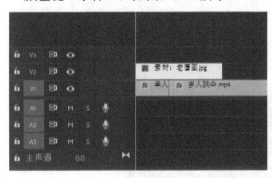

图2-2-21 拖入老鹰图

图2-2-22 搜索颜色键

3）将"颜色键"拖动到"素材：老鹰图.jpg"上，松开鼠标，图片素材前的 图标变成紫色，即已经添加成功。

4）设置"颜色键"的参数，在"效果控件"面板，"fx颜色键"下拉菜单中，单击"主要颜色"的取色器，如图2-2-23所示，回到右边"节目"面板的"老鹰图.jpg"，单击白色，并将"颜色容差"改为"15"，如图2-2-24所示，即可将图片背景抠除。

5）双击"节目"面板中的"老鹰图.jpg"素材，缩小图片比例为30，并将"老鹰图.jpg"放置于右上角，如图2-2-25所示。

41

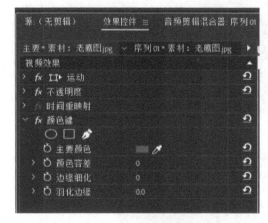
图2-2-23　颜色键取色

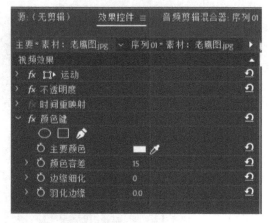
图2-2-24　修改颜色容差

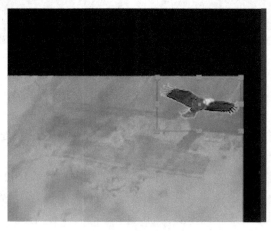
图2-2-25　放置Logo

6. 为视频添加特效文字

1）在"项目"面板中添加"素材：熔岩.jpg"，将图片拖入视频轨3，如图2-2-26所示。

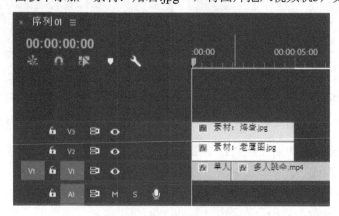
图2-2-26　加入特效背景

2）执行"文件"→"新建"→"旧版标题"命令，如图2-2-27所示，打开"新建字幕"对话框，参数设置如图2-2-28所示，单击"确定"按钮，生成字幕文件，如图2-2-29所示。

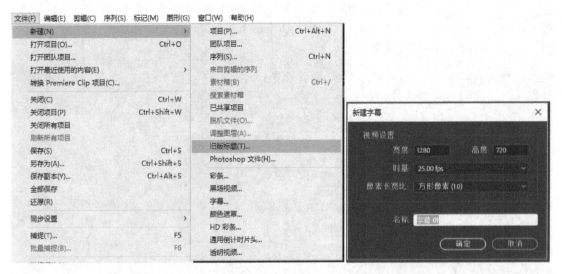

图2-2-27　新建旧版标题　　　　　　　　　　图2-2-28　"新建字幕"对话框

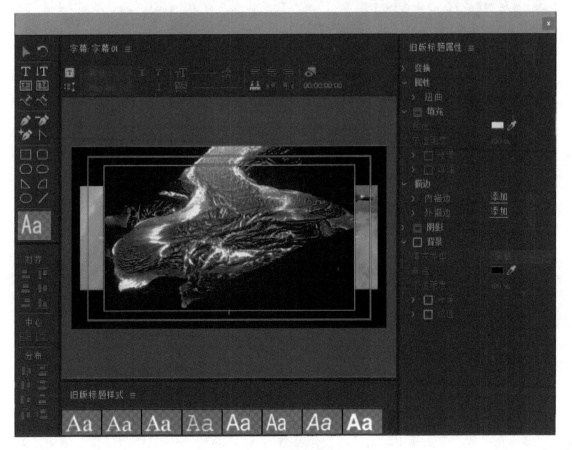

图2-2-29　编辑窗口

3）输入文字"熔岩跳伞俱乐部"，选择"字体系列"为"黑体"，如图2-2-30所示，单击对话框右上角的"关闭"按钮退出，"项目"面板中将自动生成"字幕01"。

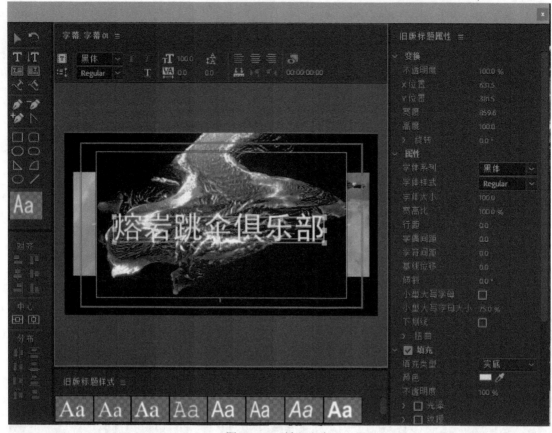

图2-2-30　键入文字

4）从"项目"面板中，把"字幕01"文件拖到空白的视频轨上方，生成视频轨4，如图2-2-31所示。

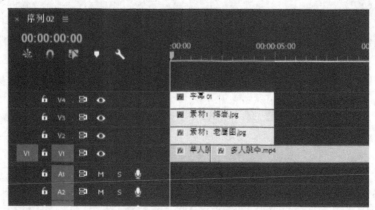

图2-2-31　拖入字幕文件

5）在"效果"面板中，选择"视频特效"→"键控"→"轨道遮罩键"滤镜，如图2-2-32所示。

6）将"轨道遮罩键"滤镜，拖到"素材：熔岩图.jpg"素材上，并在"特效控制台"面板中，将"遮罩"设置为"视频4"，如图2-2-33所示。

44

7）双击"节目"面板中的文字，缩小并拖动到"老鹰图.jpg"的旁边，如图2-2-34所示。

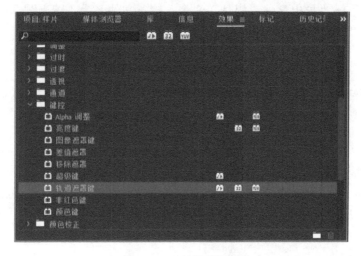

图2-2-32 轨道遮罩键

图2-2-33 设置"遮罩"

图2-2-34 调整文字位置

8）将视频轨2、3、4的素材，分别拖动右侧，拉长到与视频轨1同样的时间长度，如图2-2-35所示。

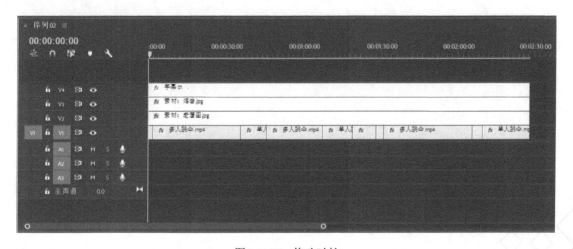

图2-2-35 修改时长

45

7. 渲染导出视频

执行"文件"→"导出"→"媒体"命令，输入文件名为"熔岩跳伞俱乐部"，设置存储路径，单击"导出"按钮，导出视频。

◆ 课后练习

在平时班级活动中，大家拍摄了很多视频素材。请收集班级或校内活动的视频，将它们组合挑选出精彩的瞬间，用Premiere制作一个校园回忆视频。

◆ 归纳总结

1）素材尺寸与画布尺寸要尽可能一致。

2）晃动的镜头可以删减掉，对于保留下的微微晃动的画面，可以进行后期处理。

3）每个短片应该控制在5~6s之间，节奏不会太快，也不会太拖沓。

案例3 天空阴晴变幻
——特效综合运用

◆ **学习指导**

通过制作天空阴晴变幻的视频案例，让大家了解Premiere特效的综合运用，主要应用到颜色调整、镜头光晕、闪电、划像等特效，依据情景结合关键帧动画调整各个特效，达到最终效果。

◆ **案例描述**

因为影片制作成本问题，公司无法前往巴厘岛拍摄天空风云变幻的场景，希望你能用一张巴厘岛的照片制作成动态的场景，里面包含了云朵随风飘动、天空的阴晴变幻的效果。作为公司的影视后期制作师，该如何完成这项艰巨的任务呢？

◆ **案例分析**

1）影片不宜过长，以快速呈现阴晴变幻。
2）要尽量逼真，要有云朵的飘动。
3）要有阴晴画面的对比。

◆ **效果预览**

效果如图2-3-1～图2-3-6所示。

图2-3-1 制作天空云朵并做动画

图2-3-2 调整颜色至阴暗

图2-3-3 添加闪电效果

图2-3-4 再添加一道闪电

图2-3-5 把画面调亮

图2-3-6 添加镜头光晕效果

◆ 操作步骤

1. 新建项目，导入素材

1）在"项目"窗口中单击鼠标右键，在弹出的快捷菜单中执行"新建项目"→"序列"命令，如图2-3-7所示。

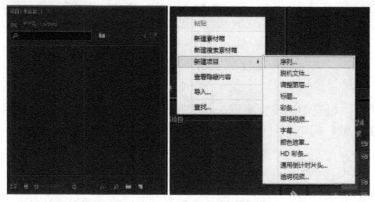

图2-3-7 在项目窗口新建序列

2）在弹出的"新建序列"面板中执行"AVCHD"→"720p"→"AVCHD 720p24"命令，如图2-3-8所示，该格式为高清宽屏格式，其他为默认设置。

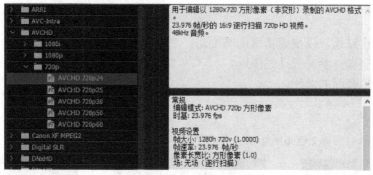

图2-3-8 选择序列格式

3）在"项目"窗口中单击鼠标右键，在弹出的快捷菜单中执行"导入"命令，如图2-3-9所示，然后选择所要导入的素材，如图2-3-10所示。

图2-3-9 执行"导入"命令

图2-3-10 选择所要导入的素材

2. 制作背景飘动的云

1）将"云.jpg"素材拖入时间线轨道1，把"风景07.jpg"素材拖入时间线轨道2，并将素材时长拖到15s的时间长度，如图2-3-11所示。

图2-3-11　将素材放入时间线轨道并调整长度

2）调整"风景07.jpg"素材的大小。选中轨道2中的素材，在"效果控件"面板中打开"运动"效果选项。取消"等比缩放"，将"位置"设为"640.0；255.0"、将"缩放高度"设为"115.0"、将"缩放宽度"设为"100.0"，如图2-3-12所示。

图2-3-12　调整风景素材大小

3）为"风景07.jpg"素材添加"线性擦除特效"。在"效果"面板中选择"视频效果"→"过渡"→"线性擦除"特效，如图2-3-13和图2-3-14所示，将特效拖到时间线轨道2中，为素材添加特效，并将"线性擦除"的"过渡完成"设置为"55%"、"擦除角度"设置为"180.0°"、"羽化"设置为"200"，如图2-3-15所示。

4）调整背景云图层的大小及运动。选中时间线中轨道1的"云.jpg"素材，在"效果控件"面板中的"运动"下面将"位置"设为"877.7；90.0"，"缩放"设为"60.0"，其他选项为默认，如图2-3-16所示。在时间线0s时，在"位置"上记录开始关键帧，在时间线15s处，在"位置"上记录结束关键帧，并将"位置"设为"403.0；90.0"，如图2-3-17所示。

图2-3-13 选择"过渡"特效类型　　　图2-3-14 选择"线性擦除"特效

图2-3-15 调整"线性擦出"特效

图2-3-16 调整"云.jpg"素材的大小

图2-3-17 设置云的运动

3. 调整视频的明暗及色调

1）选中轨道1和轨道2，单击鼠标右键，在弹出的快捷菜单中执行"嵌套"命令，如图2-3-18所示。新建"嵌套序列名称"为"色彩调整"，如图2-3-19所示。

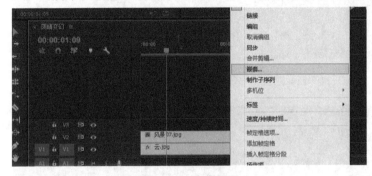

图2-3-18 嵌套图层

图2-3-19 嵌套序列命名

> **Tips**
>
> 嵌套序列是Premiere中一个较为常用的命令，它满足了对所有时间线轨道进行统一调整的要求，可以进行统一调色、速度调节等操作。

2）给嵌套序列"色彩调整"添加"亮度与对比度"特效，如图2-3-20所示。在第4s的位置设置关键帧，"亮度"的数值为"0.0"，"对比度"数值为"0.0"，如图2-3-21所示；在第6s的位置设置关键帧，"亮度"的数值为"-90.0"，"对比度"数值为"-80.0"，如图2-3-22所示；在第10s的位置设置关键帧，亮度的数值为"-90.0"，"对比度"数值为"-80.0"，如图2-3-23所示；在第12s的位置设置关键帧，"亮度"的数值为"0.0"，对"比度数"值为"0.0"，如图2-3-24所示；在第14s的位置设置关键帧，"亮度"的数值为"35.0"，"对比度"数值为"15.0"，如图2-3-25所示。

3）给嵌套序列"色彩调整"添加"颜色平衡HLS"特效并在第4s的位置设置关键帧，"色相"数值为"0.0"，"亮度"数值为"0.0"，"饱和度"数值为"0.0"，如图2-3-26所示；在第6s的位置设置关键帧，"色相"数值为"-60.0"，"亮度"数值为"-60.0"，"饱和度"数值为"-60.0"，如图2-3-27所示；在第10s的位置设置关键帧，"色相"数值为"-60.0"，"亮度"数值为"-60.0"，"饱和度"数值为"-60.0"，如图2-3-28所示；在第12s的位置设置关键帧，"色相"数值为"0.0"，"亮度"数值为"0.0"，"饱和度"数值为"0.0"，如图2-3-29所示。

图2-3-20　添加特效

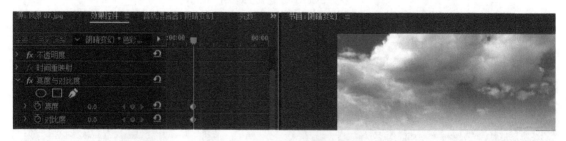

图2-3-21　在4s处设置特效参数

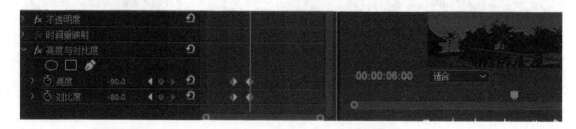

图2-3-22　在6s处设置特效参数

图2-3-23　在10s处设置特效参数

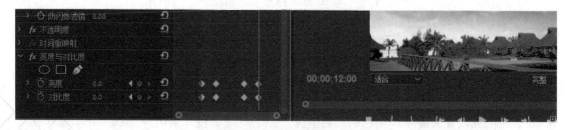

图2-3-24　在12s处设置特效参数

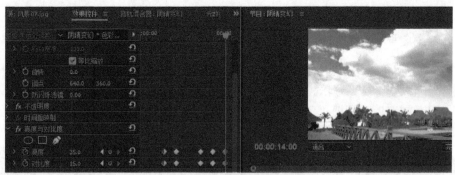

图2-3-25　在14s处设置特效参数

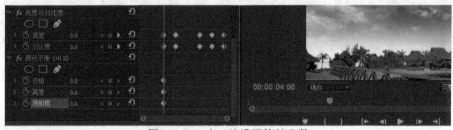

图2-3-26　在4s处设置特效参数

图2-3-27　在6s处设置特效参数

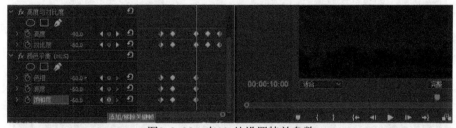

图2-3-28　在10s处设置特效参数

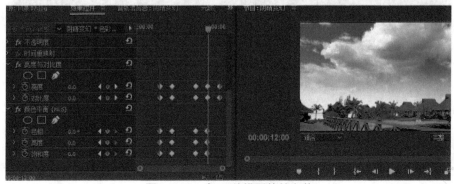

图2-3-29　在12s处设置特效参数

53

通过"亮度与对比度"和"颜色平衡HLS"两个特效的相互配合，最终可以实现天气阴晴的变化。

4. 添加闪电及镜头光晕特效

1）使用"剃刀"工具把"色彩调整"嵌套序列剪开，剪切点分别在第7s、7s 10帧、7s 20帧、8s 5帧，如图2-3-30～图2-3-33所示。

图2-3-30　第7s剪辑

图2-3-31　第7s 10帧剪辑

图2-3-32　第7s 20帧剪辑

图2-3-33　第8s 5帧剪辑

2）添加并调节闪电特效。在"效果"面板中，选择"视频效果"→"生成"→"闪电"特效，并在7s-7s 10帧处添加"闪电"特效，如图2-3-34所示。

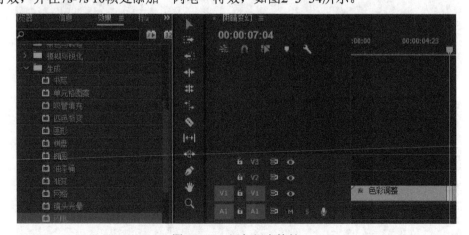

图2-3-34　添加闪电特效

在"效果控件"面板中调节"闪电"特效数值，将"起始点"设置为"500.0；150.0"、将"结束点"设置为"130.0；550.0"、"细节级别"设置为"7"、"分支"设置为

"0.700"，如图2-3-35所示，将闪电的"外部颜色"的色号调整为020229，如图2-3-36所示。

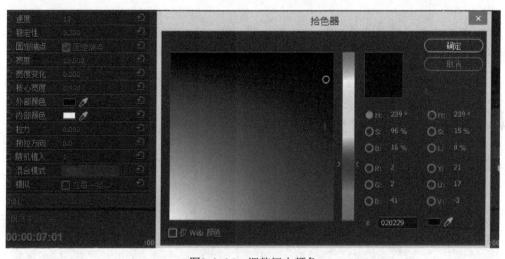

图2-3-35 调整闪电参数

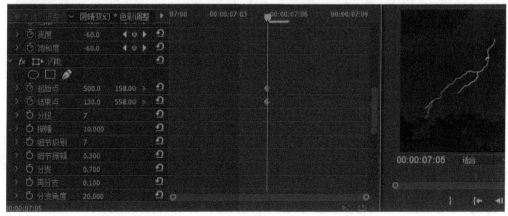

图2-3-36 调整闪电颜色

在7s 5帧处的闪电起始点和结束点记录关键帧，如图2-3-37所示，将时间线移动到7s处，把闪电的"起始点"设置为"600.0；-80.0"、"结束点"设置为"420.0；-70.0"并记录关键帧，如图2-3-38所示。由此得到第一段闪电的特效。用同样的方法在第7s 20帧到8s 5帧处再添加一个闪电特效，并用同样的方法设置参数，可以得到第2个闪电。

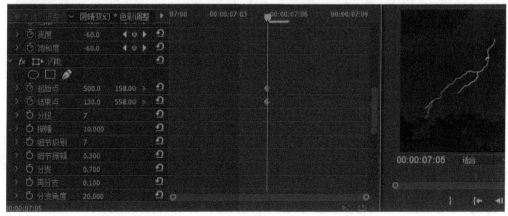

图2-3-37 为闪电"起始点"记录关键帧1

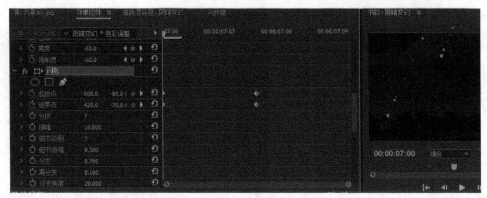

图2-3-38　为闪电"起始点"记录关键帧2

　　"闪电"特效的特点是添加到一段素材上,整段素材都会有闪电特效,基于这个特点,把想要添加闪电特效的位置单独剪辑出来,在这一段素材上添加特效,方便操作。

　　3)添加镜头光晕效果。在"效果"面板中,选择"视频效果"→"生成"→"镜头光晕"特效,并在8s 5帧后素材上添加"镜头光晕特效"特效,如图2-3-39所示。

图2-3-39　添加镜头光晕特效

　　在第13s的位置调节"镜头光晕"特效参数,"光晕中心"数值为"-76、0","光晕亮度"为"0%",如图2-3-40所示;在第14s的位置调节"镜头光晕"特效参数,"光晕中心"数值为"109、0","光晕亮度"为"160%",如图2-3-41所示;在第15s的位置调节"镜头光晕"特效参数,"光晕中心"数值为"318、0","光晕亮度"为"168%",如图2-3-42所示。

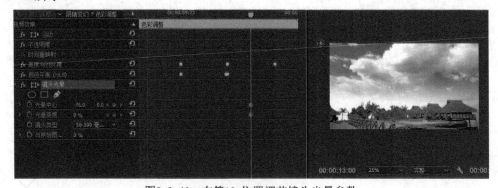

图2-3-40　在第13s位置调节镜头光晕参数

图2-3-41 在第14s位置调节"镜头光晕"参数

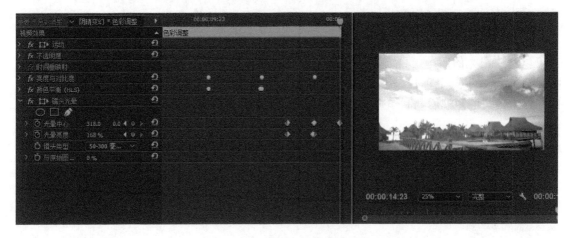

图2-3-42 在第15s位置调节"镜头光晕"参数

◎ Tips

到这里整个特效就已经制作完成了，为了达到要求，需要对细节精益求精。如果出现不符合要求的地方则可以发挥自己的主观能动性，使用学过的效果来进行调节。

◆ 课后练习

拍摄一张自己学校标志性建筑物的远景照片，使用本案例所学习的方法，将照片做成背景蓝天、白云随风飘动的视频，尝试调整各种色调，呈现出大片的即视感。

◆ 归纳总结

1）要模仿出现实生活中的情景必须要善于观察，在本案例中要学会观察闪电的形状和出现方式，观察阴天与晴天不同色调的变化。

2）要完成一个项目，需要使用多个特效进行配合，因此熟悉每一个特效非常关键。

3）所有的参数不是一成不变的，要学会思考，学会创新，学会举一反三。

案例4 枪战特工
——特效综合运用

◆ 学习指导

通过枪战特工案例的制作，让大家熟悉电影后期制作的一般流程，主要应用到抠像、调色、阴影等特效，通过特效的综合运用，最终将绿屏拍摄的人物完美地融合到各个场景中。

◆ 案例描述

在电影制作过程中，有很多场景或者人物无法进行现实取景，这时候绿屏抠像技术就可以解决很大的问题。目前不论是科幻片还是虚拟演播室，都在大量使用抠像与合成技术。公司新接了一个项目，要求制作电影中的一个枪战特工在夜晚的电话亭旁开枪的画面，作为公司的影视后期制作师，该如何完成这项艰巨的任务呢？

◆ 案例分析

1）首先要对人物进行抠像，注意人物的细节。
2）要让人与背景完全融合，需要进行色彩处理。
3）通过调整爆炸素材来模拟射击的火光。

◆ 效果预览

效果如图2-4-1～图2-4-6所示。

图2-4-1 设置视频背景

图2-4-2 放入射击人物

图2-4-3 抠除绿色背景

图2-4-4 设置人物投影

图2-4-5　加入射击火光　　　　　　　图2-4-6　调整整体颜色

◆　操作步骤

1．新建项目，导入素材

1）在"项目"窗口中单击鼠标右键，在弹出的快捷菜单中执行"新建项目"→"序列"命令，如图2-4-7所示。

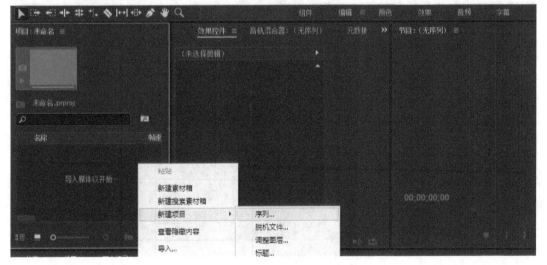

图2-4-7　在"项目"窗口新建序列

2）在弹出的"新建序列"面板中执行"AVCHD"→"720p"→"AVCHD 720p24"命令，如图2-4-8所示，该格式为高清宽屏格式，其他为默认设置。

图2-4-8　选择序列格式

3）在窗口中单击鼠标右键，在弹出的快捷菜单中执行"导入"命令，然后选择所要导入的素材，如图2-4-9所示。

4）把素材拖到时间线轨道，"背景.jpg"素材放到轨道1，"特工.mov"素材放到轨道

2，如图2-4-10所示。

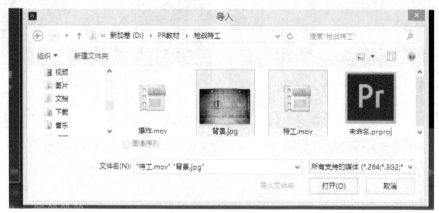

图2-4-9 导入素材

图2-4-10 把素材放入时间线轨道

5）调整素材的位置及大小。在"效果控件"面板中打开"运动"效果选项，将特工"位置"调整为"760.0，436.0"，如图2-4-11所示，将背景素材的"位置"调整为"660.0，400.0"、"缩放"调整为"46.0"，如图2-4-12所示。

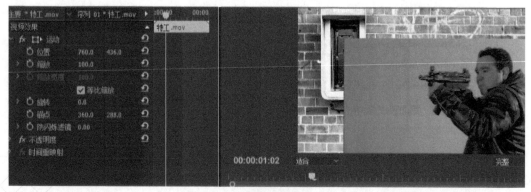

图2-4-11 调整特工素材位置

图2-4-12 调整背景图片大小

Tips

　　不同素材之间的比例很重要，例如这个案例中背景素材的砖头不能过大，要通过调整素材的大小让其符合现实中的比例，又因为它在后面可以调整得更小一点，所以符合近大远小的透视规律。

　　2. 对特工素材进行抠像

　　1）在"效果"面板中选择"视频效果"→"监控"→"超级键"效果，如图2-4-13所示，将"超级键"添加到轨道2特工素材中。

图2-4-13 添加超级键特效

　　2）使用"超级键"命令下"主要颜色"旁边的"吸管"按钮，吸取画面中要抠掉的绿色，并将"遮罩生成"下面的"透明度"设置为"35.0"、"高光"设置为"0.0"、"阴影"设置为"50.0"、"容差"设置为"50.0"、"基值"设置为"10.0"，如图2-4-14所示。

图2-4-14 调整超级键"遮罩生成"特效参数

　　3）将"超级键"命令下"遮罩清除"中的"抑制"设置为"15.0"、"柔化"设置为"11.0"、"对比度"设置为"30.0"、"中间点"设置为"85.0"，如图2-4-15所示。

　　4）将"超级键"命令下"溢出抑制"中的"范围"设置为"65.0"、"颜色矫正"中的"色相"设置为"-20.0"，如图2-4-16所示。

61

图2-4-15　调整超级键"遮罩清除"特效参数

图2-4-16　调整超级键"溢出抑制"和"颜色校正"参数

Tips

抠像在这个案例中是非常重要的一个环节，抠像时要注意人物的细节，不要抠像过度把细节抠掉，也不要抠不干净还留有背景颜色，要掌握好它们之间的平衡。

3. 对特工素材添加阴影

1）在"效果"面板中选择"视频效果"→"透视"→"投影"效果，将"投影"添加到轨道2特工素材中，如图2-4-17所示。

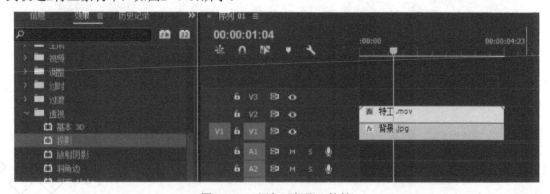

图2-4-17　添加"投影"特效

2）在"效果控件"面板中调节"投影"特效的参数，将"阴影颜色"设置为黑色、"不透明度"设置为"88%"、"方向"设置为"240.0°"、"距离"设置为"350.0"、"柔和度"设置为"250.0"，如图2-4-18所示。

图2-4-18 设置"投影"参数

Tips

有光就有影，要想特效制作逼真必须要加入阴影。加入阴影前先观察灯光的方向和位置，然后在灯光的反方向设置阴影，同时也要注意阴影的虚实变化。

4. 制作射击时枪口所喷射的火光

1）导入"爆炸.mov"素材，如图2-4-19所示，并将素材添加到视频轨道3中。

图2-4-19 导入爆炸素材

2）在"效果"面板中选择"视频效果"→"变换"→"裁剪"效果，将"裁剪"添加到轨道3"爆炸.mov"素材中，如图2-4-20所示。

图2-4-20 添加"裁剪"特效

63

3）在"效果控件"面板中调整"裁剪"特效的参数，将"右侧"调整为"45%"，其他参数不变，如图2-4-21所示。

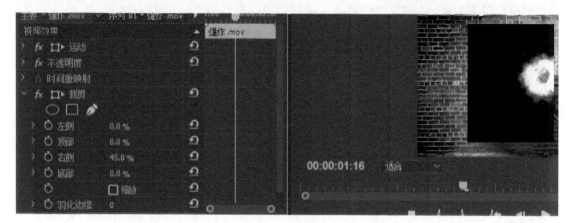

图2-4-21　裁剪爆炸素材

4）在"效果"面板中选择"视频效果"→"键控"→"颜色键"效果，将"颜色键"添加到轨道3"爆炸.mov"素材中，并将"颜色键"参数中的"主要颜色"使用"吸管"工具吸为黑色、"颜色容差"设置为"140"、"边缘细化"设置为"3"、"羽化边缘"设置为"60.0"，如图2-4-22所示。

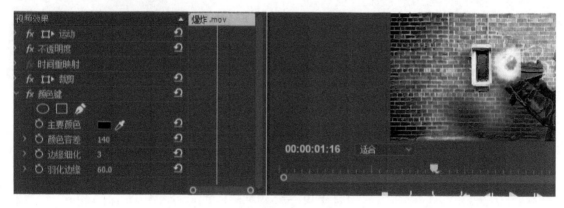

图2-4-22　添加颜色键特效并设置参数

5）选择视频轨道3中的"爆炸.mov"素材，单击鼠标右键，在弹出的快捷菜单中执行"速度/持续时间"命令，如图2-4-23所示。在弹出的"剪辑速度/持续时间"对话框中将"速度"设置为"500%"，如图2-4-24所示。这时"爆炸.mov"素材的时长变为5帧，为了使其更加逼真再掐头去尾，剪掉首尾的各一帧，得到总共3帧的"爆炸.mov"素材。

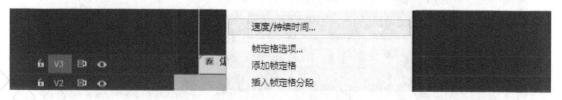

图2-4-23　执行"速度/持续时间"命令

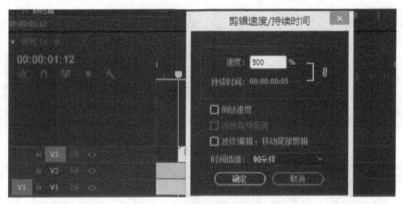

图2-4-24 调整剪辑速度

6）接下来调整"爆炸.mov"素材的位置，通过观察枪在射击的时候枪口是略微向下的，射击完后由于后坐力的作用，枪口会略微向上抬起，那么火光应该出现在枪口略微抬起的那一刹那，通过调节"爆炸.mov"素材的坐标位置及角度使素材完整地接到枪口上。为了使效果更加逼真，将"缩放高度"设置为"11.0"、"缩放宽度"设置为"41.0"，如图2-4-25所示。

图2-4-25 调整位置及大小形状

7）由于射击是连续性的，所以需要找到每个射击动作点，找到后选中爆炸素材按<Ctrl+C>组合键复制一段素材，然后按<Ctrl+V>组合键将这段素材粘贴到射击点位置的时间线上，如图2-4-26所示，这时需要再重复上一步的动作通过调整素材的位置和旋转方向使"爆炸.mov"素材完整地与枪口结合，如图2-4-27所示。

8）重复之前的步骤，在每个射击点上复制一段爆炸素材，然后再调整素材的位置和方向，最终可得到一段逼真的射击镜头，如图2-4-28所示。

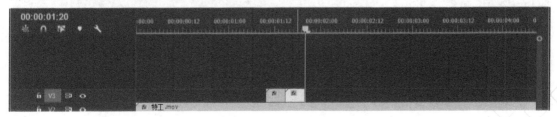

图2-4-26 复制爆炸素材

65

图2-4-27　调整素材位置及缩放大小

图2-4-28　调整复制后的爆炸素材的位置和方向

Tips

制作射击时枪口喷射的火光这一步较为麻烦，要完整地对准枪口，又要符合射击时的动态特征，需要耐心地一点一点地调节。

5. 颜色调整

1）为了使背景更好地和前景融合，需要调整背景图片颜色。在"效果"面板中选择"视频效果"→"颜色矫正"→"颜色平衡（HLS）"效果，将"颜色平衡HLS"添加到轨道1"背景.jpg"素材中，如图2-4-29所示。

图2-4-29　添加"颜色平衡HLS"特效

在"效果控件"面板中调整"颜色平衡（HLS）"特效的参数，将"色相"设置为"-5.0"、"亮度"设置为"-20.0"、"饱和度"设置为"-60.0"，如图2-4-30所示。

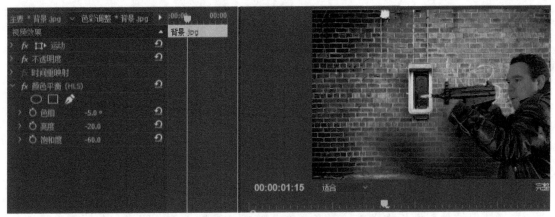

图2-4-30　调整"颜色平衡（HLS）"参数

2）整体调色渲染氛围。根据要求需要调节成夜晚的场景，通过观察可以发现，现在的色调偏红，很明显不符合夜晚饱和度低、明度低、色调发黄发绿的特点，这时需要对整体的色调进行调节，以达到最终要求。

选中时间线轨道中的所有素材，单击鼠标右键，在弹出的快捷菜单中执行"嵌套"命令，如图2-4-31所示，将新建的"嵌套序列名称"改为"色彩调整"，如图2-4-32所示。

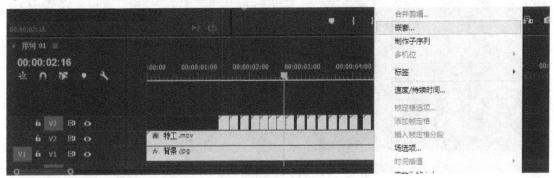

图2-4-31　对所有轨道素材执行"嵌套"命令

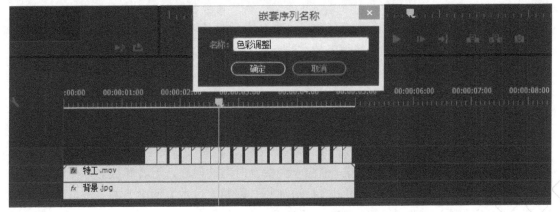

图2-4-32　输入"嵌套序列名称"

67

在"效果"面板中选择"视频效果"→"颜色矫正"→"色彩平衡"效果,将"颜色平衡"特效添加到时间线轨道1"色彩调整"嵌套序列上,如图2-4-33所示。

图2-4-33　添加"颜色平衡"特效

在"效果控件"面板中调整"颜色平衡"特效的参数,将"阴影红色平衡"设置为"-40.0"、"阴影绿色平衡"设置为"3.0"、"中间调绿色平衡"设置为"15.0"、"高光蓝色平衡"设置为"-5.0",其他参数不变,如图2-4-34所示。

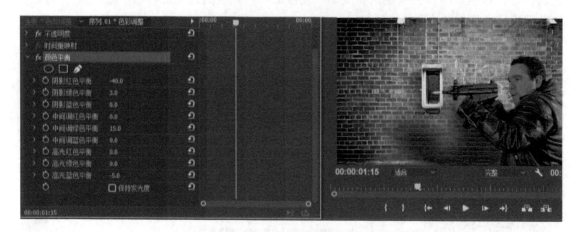

图2-4-34　调整颜色平衡特效参数

Tips

到这一步就很好地完成了这个特效,有些特效的数值不是一成不变的,这些数值只是一些参考,最重要的是要掌握调节的方法和发挥自己的主观能动性。例如,如果要求这个射击场景是在艳阳高照的中午,那又该怎样处理呢?

◆　课后练习

学校新建了一个非常高端的苹果计算机机房。该机房为美国苹果公司的重点推广项目,苹果公司想要宣传报道该机房,但由于经费及时间的问题,记者和摄影师无法到现场报道,于是拍摄了一段带有绿屏的记者报道视频,需要通过本案例学习的方法,将记者画面和苹果机房背景完美地结合到一起,如图2-4-35所示。

图2-4-35　样图示范

◆　归纳总结

1）抠像时要注意细节，不要抠像过度，把人物的一些细节给抠掉了，同时还不能留有原来的绿色背景，要掌握好它们之间的平衡。

2）制作火光时要求尽量逼真，需要有耐心一点一点地调节。

3）调整颜色的方法有很多，要熟练运用各个调色特效来实现自己的想法。

案例5 春夏秋冬环球行
——视频间基本的切换效果

◆ 学习指导

通过春夏秋冬的视频制作，让大家了解Premiere视频间基本的切换效果，并依据情境，选择合适的切换效果。

◆ 案例描述

假设大家去环球旅游，并拍摄各地不同的风景视频，现在需要做一个名为"春夏秋冬环球行"的视频给朋友们分享所见所闻。要求包括春夏秋冬的视频，要求有一定的切换效果，并且切换效果符合意境。那么，该如何完成这项艰巨的任务呢？

◆ 案例分析

1）"春夏秋冬"意味选择4个短视频，分别是春、夏、秋、冬。

2）"切换效果合适"可加入不同类型的切换效果。

3）"切换效果符合意境"应体会不同切换效果的表现意境。

◆ 效果预览

效果如图2-5-1～图2-5-6所示。

图2-5-1　导入视频素材

图2-5-2　添加切换效果

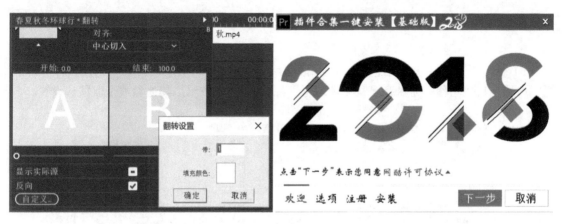

图2-5-3 设置参数   图2-5-4 安装切换效果插件

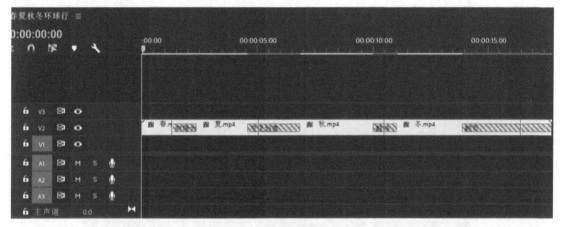

图2-5-5 时间轴

图2-5-6 最终效果图

◆ 操作步骤

1. 导入"春夏秋冬"4个视频素材

1）执行"文件"→"新建"→"项目"命令，如图2-5-7所示，打开"新建项目"对话框，设置项目"名称"为"春夏秋冬环球行"，如图2-5-8所示，其他参数采取默认设置。

文件(F)	编辑(E)	剪辑(C)	序列(S)	标记(M)	图形(G)	窗口(W)	帮助(H)		

新建(N)	▶	项目(P)...	Ctrl+Alt+N
打开项目(O)...	Ctrl+O	团队项目...	
打开团队项目...		序列(S)...	Ctrl+N
打开最近使用的内容(E)	▶	来自剪辑的序列	
转换 Premiere Clip 项目(C)...		素材箱(B)	Ctrl+/
关闭(C)	Ctrl+W	搜索素材箱	
关闭项目(P)	Ctrl+Shift+W	已共享项目	
关闭所有项目		脱机文件(O)...	
刷新所有项目		调整图层(A)...	
保存(S)	Ctrl+S	旧版标题(T)...	
另存为(A)...	Ctrl+Shift+S	Photoshop 文件(H)...	
保存副本(Y)...	Ctrl+Alt+S	彩条...	
全部保存		黑场视频...	
还原(R)		字幕...	
同步设置	▶	颜色遮罩...	
捕捉(T)...	F5	HD 彩条...	
批量捕捉(B)...	F6	通用倒计时片头...	
		透明视频...	

图2-5-7 新建项目

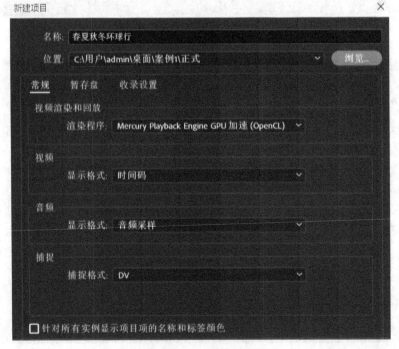

图2-5-8 设置项目名称

2）执行"文件"→"导入"命令，导入"春.mp4""夏.mp4""秋.mp4""冬.mp4"这4个视频素材，如图2-5-9所示，然后将其拖入时间轴中，按照春、夏、秋、冬排好序，如图2-5-10所示。

图2-5-9　导入素材

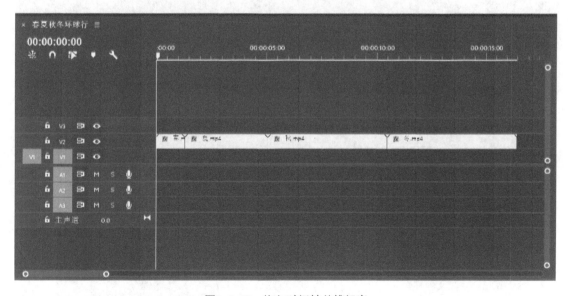

图2-5-10　拖入时间轴并排好序

2．在视频之间添加切换效果

1）在"项目"面板的右边单击">>"按钮，在弹出的下拉列表中选择"效果"，打开"效果"面板，如图2-5-11所示，打开"视频过渡"文件夹，如图2-5-12所示。

图2-5-11 打开"效果"面板 图2-5-12 打开"视频过渡"文件夹

2）在"效果"面板中选择"视频过渡"→"溶解"→"渐隐为黑色"效果，将其拖到时间轴的"春.mp4"和"夏.mp4"素材之间，如图2-5-13所示。

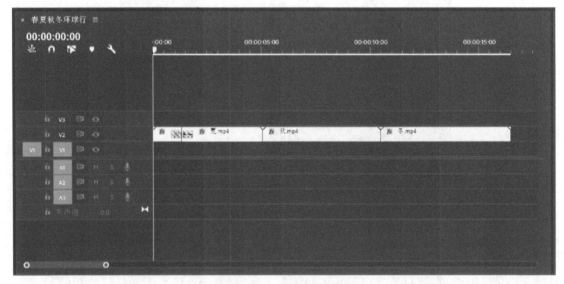

图2-5-13 添加切换效果

3）在时间轴上单击选中此切换效果，打开"效果控件"面板，打开"对齐"下拉列表，单击选中"起点切入"，如图2-5-14所示。

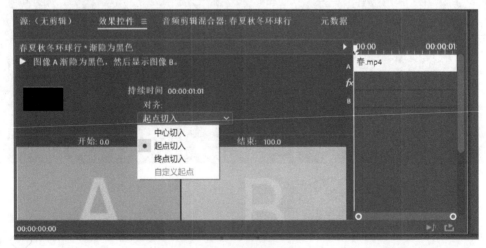

图2-5-14 设置参数"对齐"

　　该参数是设置切换效果的开始位置。A与B分别指的是本案例中的"春.mp4"视频和"夏.mp4"视频。如果选择"中心切入"（这是默认方式），则是从上一段视频的结束部分到下一段视频的开始部分的区间内出现切换效果；如果选择"起点切入"，则切换效果从第二段视频的开始点处出现；如果选择"终点切入"，则切换效果从第一段视频的结束点处出现。

　　4）在"效果"面板中选择"视频过渡"→"划像"→"交叉划像"效果，将其拖到时间轴的"夏.mp4"和"秋.mp4"素材之间，如图2-5-15所示。

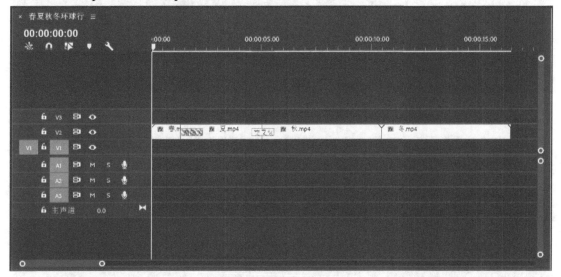

图2-5-15　添加切换效果

　　5）在时间轴上单击选中此切换效果，打开"效果控件"面板，在右侧的时间轴上选择切换效果（"夏.mp4"与"秋.mp4"之间的长方形），如图2-5-16所示，将其右边拉长，使切换效果在"秋.mp4"视频上的长度变长，如图2-5-17所示。

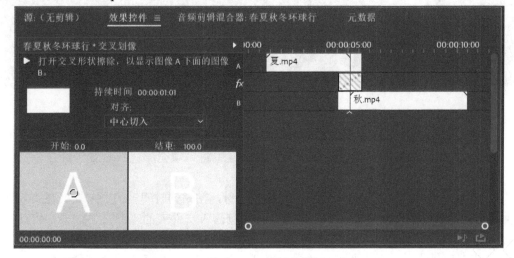

图2-5-16　设置参数

75

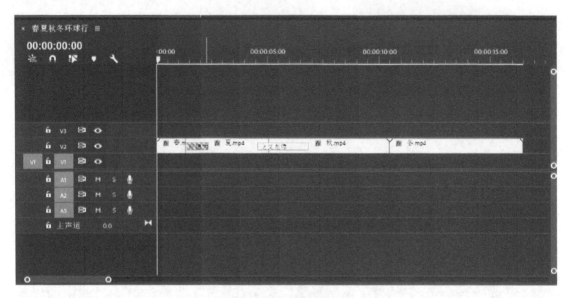

图2-5-17 时间轴上的变化

6）在"效果"面板中选择"视频过渡"→"3D运动"→"翻转"效果，将其拖到时间轴的"秋.mp4"和"冬.mp4"素材之间，如图2-5-18所示。

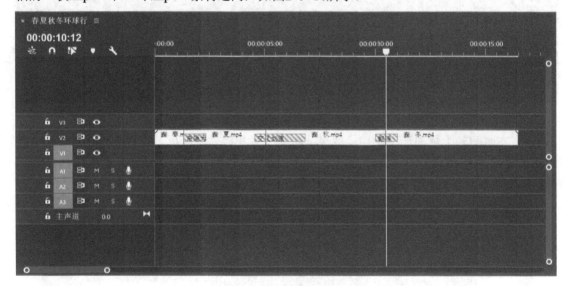

图2-5-18 添加切换效果

7）在时间轴上单击选中此切换效果，打开"效果控件"面板，将"反向"复选框选中，单击"自定义"按钮，在"翻转设置"对话框中将"填充颜色"设置为纯白色，如图2-5-19所示。

8）将时间轴上的"春.mp4"视频素材复制一份，粘贴到时间轴的最末端。在"效果"面板打开"视频过渡"文件夹，单击选中"页面剥落"文件夹的"翻页"效果，将其拖到时间轴的"冬.mp4"和"春.mp4"素材之间，如图2-5-20所示。

9）在时间轴上单击选中此切换效果，打开"效果控件"面板，将"持续时间"调大。

方法是将光标放在"持续时间"处，当出现了手指图标时，向右移动，如图2-5-21所示。

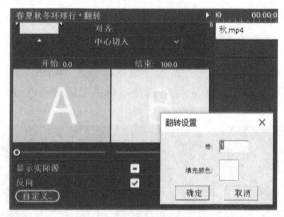

图2-5-19　"翻转设置"对话框

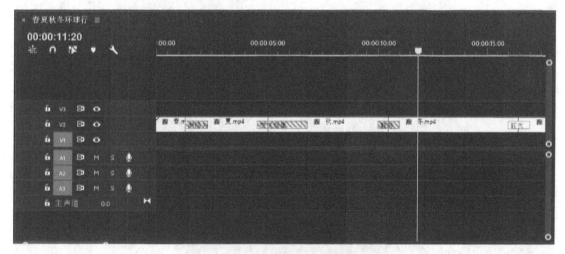

图2-5-20　添加切换效果

图2-5-21　设置参数

77

因为翻页效果是非常快速的，不能给人一种富有诗意的感觉，但是如果将持续时间调长，则这种意境便随之表现出来了。

10）执行"文件"→"导出"→"媒体"命令，设置"格式"为"H.264"，"输出名称"为"春夏秋冬环球行.mp4"，设置存储路径，单击"确定"按钮，如图2-5-22所示。

图2-5-22　导出视频

如果对于软件自带的切换效果不太满意，则可以安装插件，在更多的切换效果中选择所需要的。下面将简单介绍如何安装切换效果的插件。这个插件需要读者自己购买。

1）双击运行"Pr Plug-ins Basics v2018-64bit.exe"文件，在"插件合集一键安装"对话框中单击"下一步"按钮，如图2-5-23所示。

2）确认"安装全部的汉化和英文版插件"中的复选框都选择完毕，单击"下一步"按钮，如图2-5-24所示。

3）输入"用户名"和"注册码"，单击"安装"按钮，如图2-5-25所示。

4）等待安装过程，大概需要1分钟，如图2-5-26所示，最后安装完毕，如图2-5-27所示。

5）重启Premiere软件，在"效果"面板中打开"视频过渡"文件夹，就会看到插件所提供的切换效果，如图2-5-28所示，操作方法与使用软件自带的切换效果是一样的。

图2-5-23　打开插件安装程序

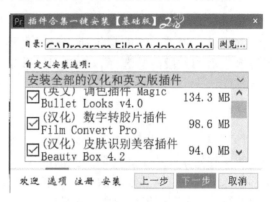

图2-5-24　选择安装内容

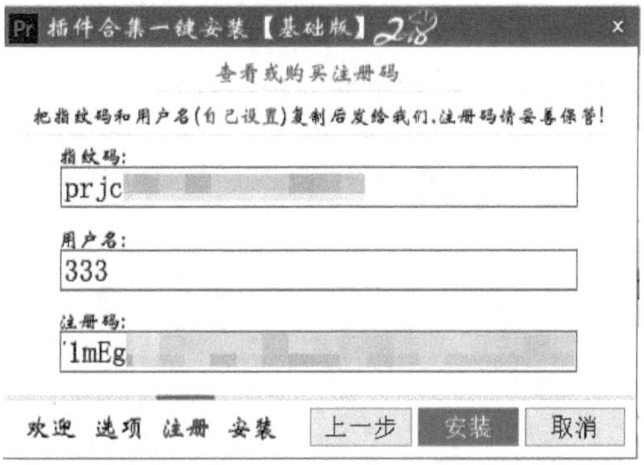

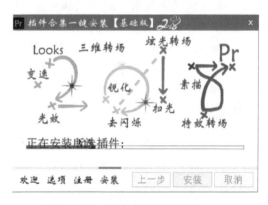

图2-5-25　输入"用户名"和"注册码"

图2-5-26　正在安装所选插件

图2-5-27　提示安装完毕

图2-5-28　安装好的插件

79

◆ 课后练习

　　校园生活似水流年。在美丽的校园里，与小伙伴们共同成长，爱过、恨过、哭过、笑过、痛过、累过，这就是生活，但时光不老，我们不散，是以为记，青春无悔。请搜集校园生活的片段，并选择合适的切换效果，制作成"我的青葱岁月"短片，与小伙伴们分享。

◆ 归纳总结

　　1）本案例列举出4种类型的切换效果，分别是溶解、划像、3D运动、页面剥落，也分别针对每种效果介绍了如何调整参数，其他的切换效果操作方法相同，只要将每种切换效果都拖入时间轴上，并观看效果，就能知道是什么效果。同样，只要勇于尝试，一个个地修改参数，就会理解每个参数的含义。

　　2）本案例是讲风景，例如，翻页这个切换效果，默认是非常快速地翻过去的，与风景这种意境不符，因此需要将效果的时长延长。

　　3）Premiere自带的切换效果有限，要做出更佳的作品建议经常安装新的插件。

案例6 童真童趣
——视频间无缝切换效果

◆ **学习指导**

过去所认识了解的切换效果都是能看出切换痕迹的，本案例将利用视频本身的人或物，使用Premiere中的设置遮罩特效，实现两个视频间的无缝切换。

◆ **案例描述**

每个人都有着快乐的童年，无忧无虑，请选取童年的两段小视频实现无缝切换。第一段视频中以杯子作为旋转轴点，随着杯子进入镜头，就慢慢进入了第二段视频。要求：切换的过程中有一个画面是同时出现了第一段视频和第二段视频。

◆ **案例分析**

1）拍摄素材的时候重点放在第一段视频，杯子作为拍摄设备的旋转轴，从入镜到出镜。

2）第一段视频与第二段视频重叠的部分就是切换效果，此切换效果实现了第一段视频和第二段视频的同框。

◆ **效果预览**

效果如图2-6-1～图2-6-6所示。

图2-6-1 录制视频

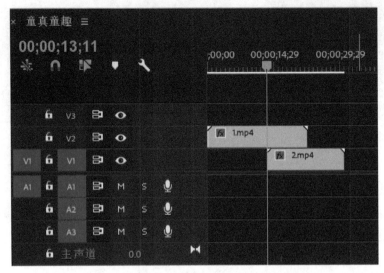

图2-6-2　导入视频素材

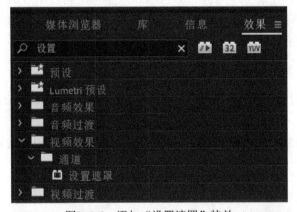

图2-6-3　添加"设置遮罩"特效

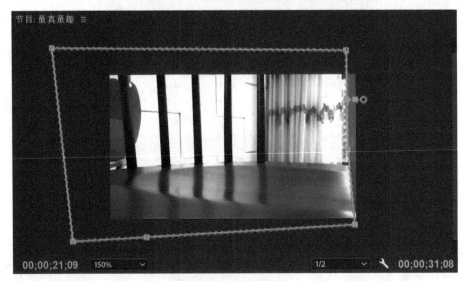

图2-6-4　绘制遮罩曲线

图2-6-5　跟踪生成关键帧　　　　　　　　　　图2-6-6　最终效果

◆　操作步骤

1. 录制视频素材

1）录制第一段视频，其场景是孩子在家玩耍，命名为"1.mp4"。首先将本案例中的杯子为切换参照物，第一段视频的拍摄方案为：杯子放在手机的左侧，首先入镜的是孩子玩耍的情景，然后杯子入镜，随着镜头的移动，杯子从镜头的左侧移向右侧，最后出镜。拍摄摆位如图2-6-7所示，切换参照物杯子的入镜位置，如图2-6-8所示。

图2-6-7　拍摄摆位　　　　　　　　　　图2-6-8　切换参照物的入镜位置

Tips

　　视频素材的录制非常重要，切换参照物可以是人，也可以是物体。在拍摄的时候需要遵循两个原则：一是随着镜头的推移，切换参照物从左入镜再到右出镜，二是头部与底部最好被切掉，不能露出后面的背景，否则后期就无法通过遮罩去除第一个视频的背景了。

2）录制第二段视频，其场景是孩子在儿童乐园玩耍，命名为"2.mp4"。录制没有特殊的要求，只需要和第一段视频场景不同即可。

2. 导入视频素材

1）执行"文件"→"新建"→"项目"命令，如图2-6-9所示，打开"新建项目"对话框，设置项目"名称"为"童真童趣"，如图2-6-10所示，其他参数采取默认设置。

2）执行"文件"→"导入"命令，导入"1.mp4"和"2.mp4"，然后将其拖入时间轴中，选中"1.mp4"视频，单击鼠标右键，在弹出的快捷菜单中单击执行"取消链接"命令，单击选中音频图层，按<Delete>键删除。"2.mp4"视频如此类推，如图2-6-11所示。

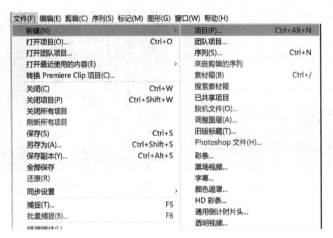

图2-6-9　新建项目

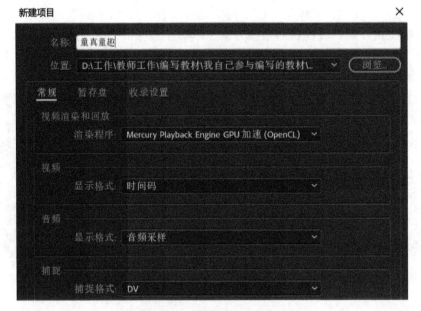

图2-6-10　设置项目"名称"

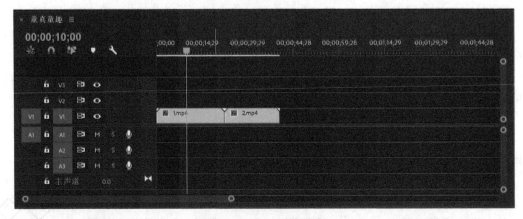

图2-6-11　导入视频素材

3）将"1.mp4"视频移到上面一个图层，找到"1.mp4"视频中的一个时间点：切换参照物杯子出现直到左边的背景马上要露出来的时候，将"2.mp4"视频的起点放到该时间点上，如图2-6-12所示，时间点如图2-6-13所示。

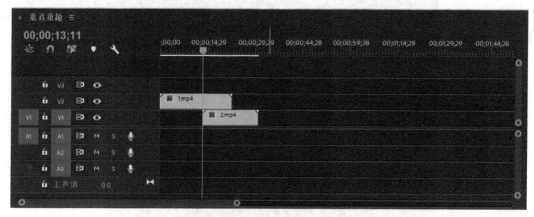

图2-6-12　调整两个视频的位置

图2-6-13　找时间点

4）选中"1.mp4"视频，在上一步所说的时间点处用"剃刀"工具裁剪视频，得到符合需要的切换效果视频，如图2-6-14所示。

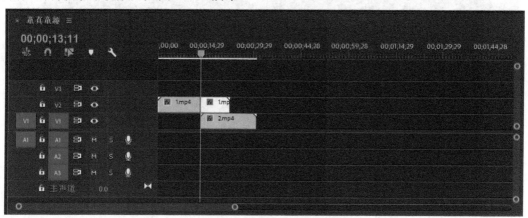

图2-6-14　得到切换效果视频

3.制作无缝切换效果

1）选中刚才调整了速度的那一段视频，称为切换效果的视频。打开"效果"面板，在搜索框中输入"设置遮罩",找到这种视频特效,并将其添加到该视频中,打开"效果控件"面板,可以看到这个特效,如图2-6-15所示。

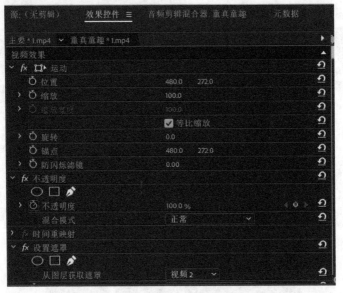

图2-6-15 为视频添加"设置遮罩"特效

2)单击"钢笔"工具,单击"用于遮罩"前面的"闹钟"按钮,新建关键帧,如图2-6-16所示。

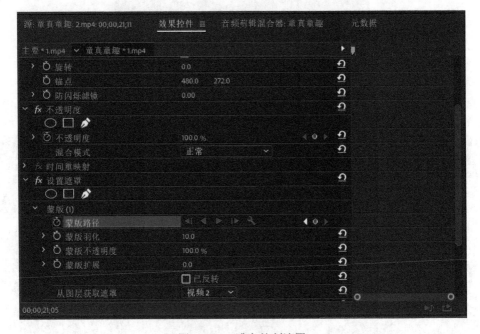

图2-6-16 准备绘制遮罩

3)在时间轴中,将指针放在切换效果的起点处,然后在"节目"面板中单击"前进一帧(右侧)"按钮,使得指针向右移动几帧,直至在"节目"面板中出现了杯子后面的一部分背景,如图2-6-17所示。

4）在"节目"面板中改变"选择缩放级别"为"150%"，便于接下来能在更大的区域范围内绘制遮罩曲线，如图2-6-18所示。

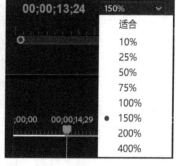

图2-6-17　使得指针往右移动几帧　　　　图2-6-18　改变"选择缩放级别"

5）单击"效果控件"面板的"蒙版（1）"，在"节目"面板中绘制遮罩曲线，如图2-6-19所示。

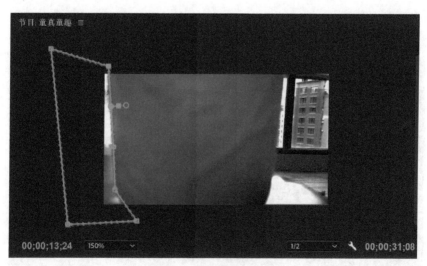

图2-6-19　绘制遮罩曲线

Tips

这一个步骤非常重要。因为做完第4）步的时候正想绘制遮罩曲线，结果发现"节目"面板中"钢笔"工具的图标不见了，所以必须做第5）步才能重新出现"钢笔"工具的图标。其次，绘制的区域切换参照物杯子的左边的背景需要删除。最后，绘制的遮罩曲线尽量大一些，不要局限于视频本身，而必须是在视频的外面，便于下一步自动生成更多遮罩。

6）在时间轴上，把指针定位在该切换效果视频的结束点处，移动上一个关键帧的遮罩曲线的几个控制点，绘制遮罩曲线，如图2-6-20所示。

87

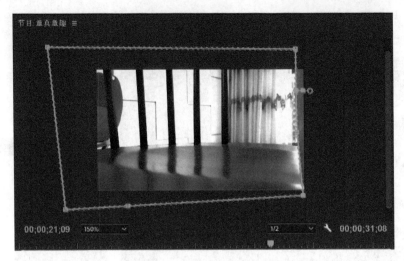

图2-6-20 再次绘制遮罩曲线

7）单击"效果控件"面板中"蒙版路径"的小三角形按钮"转到上一关键帧"，如图2-6-21所示。

8）单击"效果控件"面板中"蒙版路径"的小三角形按钮"向前跟踪所选蒙版"，弹出"正在跟踪"对话框，如图2-6-22所示。跟踪完毕后得到了后面每一个关键帧，如图2-6-23所示。

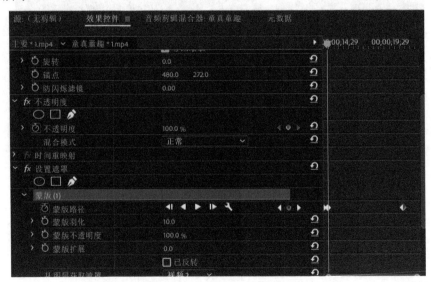

图2-6-21 转到上一关键帧

图2-6-22 "正在跟踪"对话框

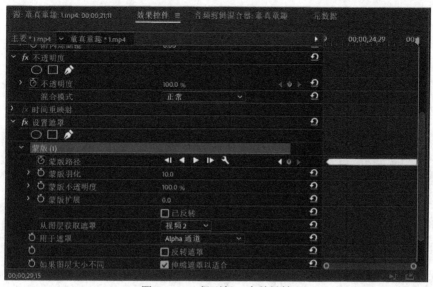

图2-6-23　得到每一个关键帧

　　这一个步骤非常重要。因为做完了第6）步，仅做完了整个切换效果视频的两个关键帧，也就是说只去掉了两个帧的背景，其他如何做？有什么快速的方法？可以使用"向前跟踪"的方法自动生成遮罩曲线。但是这毕竟是计算机所生成的，与实际拍摄情况会有出入，因此需要复查每一帧并微调。

　　还有一点要注意，有时候会发现单击之后，没有弹出"正在跟踪"对话框，是因为对该视频调整了速度，只要撤销调整，恢复原样就可以跟踪了。

　　9）单击"效果控件"面板中"蒙版路径"的小三角形按钮"转到下一关键帧"，在"节目"面板中对遮罩曲线进行微调，使得每一帧的遮罩曲线都能把背景删除干净，如图2-6-24所示。

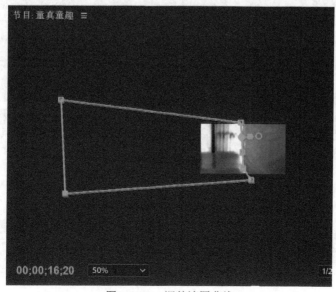

图2-6-24　调整遮罩曲线

如果做完这个步骤仍无法得到想要的效果，那么建议重新调整第一和最后一个关键帧，重新生成一次跟踪，然后对于里面某几个不太完美的关键帧进行微调即可。

10）单击"效果控件"面板中"蒙版（1）"的"蒙版羽化"，设置值为"15.0"，就可以使得边缘清除得更加自然，如图2-6-25所示。

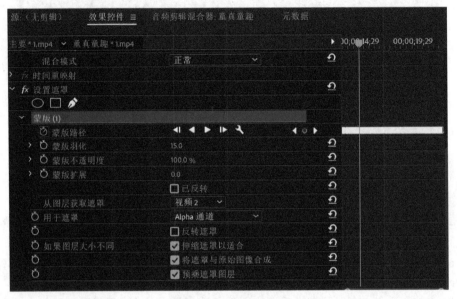

图2-6-25　蒙版羽化

11）单击"效果控件"面板中"蒙版（1）"的"用于遮罩"，选择"Alpha通道"，将"反转遮罩"复选框选中，如图2-6-26所示，就能看到背景被删除的效果，如图2-6-27所示。

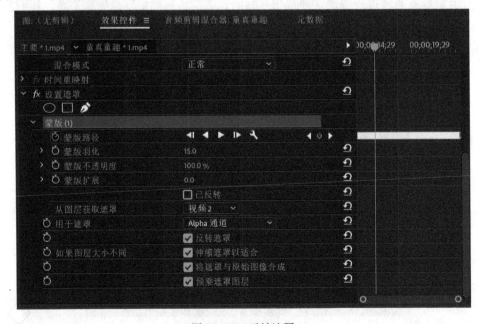

图2-6-26　反转遮罩

图2-6-27 最终效果

　　本案例的第一段视频是从远景到特写的一个转换，使得两段视频能通过切换参照物无缝切换，远景和特色其实是景别的一种，下面介绍景别的概念。

　　景别是指由于摄影机与被摄物体的距离不同，而造成被摄物体在摄影机寻像器中所呈现出的范围大小的区别。景别的划分，一般可分为五种，由近至远分别为特写（指人体肩部以上）、近景（指人体胸部以上）、中景（指人体膝部以上）、全景（人体的全部和周围背景）、远景（被摄体所处环境）。在电影中，导演和摄影师利用复杂多变的场面调度和镜头调度，交替地使用各种不同的景别，可以使影片剧情的叙述、人物思想感情的表达、人物关系的处理更具有表现力，从而增强影片的艺术感染力，如图2-6-28所示。

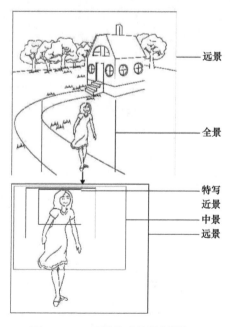

图2-6-28 不同类型的景别图解

◆　课后练习

　　年轻人充满活力与激情。在旅游的过程中拍下一些有趣的小视频，最好是不同场景的，然后利用本案例的无缝切换技术拼接出一个完整的视频，与小伙伴们一起分享吧！

◆　归纳总结

　　1）本案例的重点是利用特定的拍摄技巧与"设置遮罩"这种视频效果来实现无缝切换，绘制首尾两个关键帧的遮罩曲线，然后自动跟踪，生成全部关键帧的遮罩曲线。

　　2）本案例的难点是如何理解这个无缝，实际上是利用切换参照物来实现两个场景的无缝切换，看起来是一个非常神奇的、在现实生活中无法实现的效果。

　　3）Premiere中仍有许多看似切换，实际上并不是使用自带的切换效果的案例，读者可以课后自学。

◆ 学习指导

通过古诗咏鹅的视频制作，让大家了解Premiere中物体的运动效果，并结合关键帧创设预想的运动轨迹，掌握匀速和非匀速运动、直线和曲线的运动轨迹制作方法。

◆ 案例描述

《咏鹅》是一首脍炙人口的古诗，诗中形象生动地描写了鹅的形态，试想如果能将这些文字变成动态的视频呈现在大家面前，是不是很神奇呢？

◆ 案例分析

1）诗句中既然描写"鹅"，那就应该有"鹅"的图片，最好能让其动起来，更加生动形象。

2）仅有动物稍显单薄，可以在湖水周围添加荷花和水草等物，使整个意境更加丰满，如果能随风摆动则更佳。

3）添加蜻蜓等动物，配合音乐飞舞。

◆ 效果预览

效果如图2-7-1～图2-7-6所示。

图2-7-1 制作荷花随风摆动

图2-7-2 制作鹅游动效果

图2-7-3 制作蜻蜓飞舞效果图1

图2-7-4 制作蜻蜓飞舞效果图2

图2-7-5 制作鹅翅膀摆动效果1

图2-7-6 制作鹅翅膀摆动效果2

◆　操作步骤

1. 素材准备

1）本案例重点训练大家对素材的运动控制，为了让整个动画更加自然流畅，各素材在使用前应该去背景。Premiere中使用的静态图像素材，可使用Photoshop软件进行提前处理，例如，本节使用的"鹅"和"荷花"素材，如图2-7-7所示。

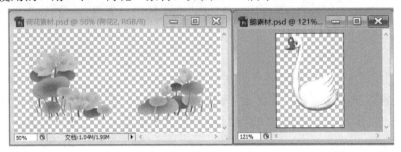

图2-7-7　素材去背景处理

2）执行"文件"→"导入"命令，选择本节全部素材导入。由于"鹅""荷花"和"蜻蜓"素材是多图层文件，所以在导入时将弹出"导入分层文件"对话框，分别在"导入为"的下拉列表框中选择"各个图层"选项，单击"确定"按钮导入素材，如图2-7-8～图2-7-10所示。

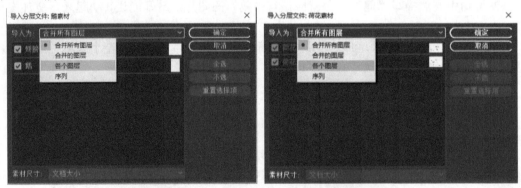

图2-7-8　导入"鹅"素材　　　　　　图2-7-9　导入"荷花"素材

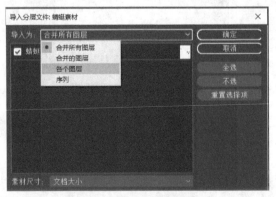

图2-7-10　导入"蜻蜓"素材

3）将"背景"图片拖动至视频轨1中，单击视频轨中的"背景"图片右侧，拖动至00:00:22:24处。为了防止后续误操作，可直接选中视频轨1前的"锁定"按钮。

2．"鹅"素材的大小处理

由于是由远及近处理，所以通常物体会有一个由小到大的变化过程。

1）将"鹅"素材拖动至视频轨2中，并延长至00:00:22:24处，如图2-7-11所示。

图2-7-11　视频轨中的素材

2）将时间指示器调至开始处，选中视频轨2中的"鹅"素材，单击"效果控件"面板中的"视频效果"中的"缩放"选项前面的"切换动画"按钮，创建关键帧，如图2-7-12所示。再将时间指示器调至00:00:15:00处，将"视频效果"中的"缩放"数值修改为"175.0"，如图2-7-13所示。

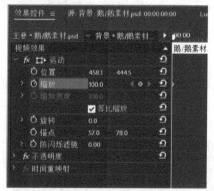

图2-7-12　创建缩放关键帧

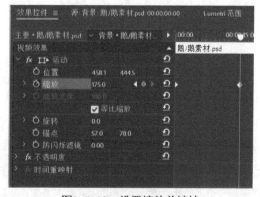

图2-7-13　设置缩放关键帧

3）同理，将"鹅翅膀"素材拖动至视频轨3中，延长播放长度至00:00:22:24。

4）将时间指示器调至开始处，选中视频轨3中的"鹅翅膀"素材，单击"效果控件"面板中的"视频效果"中的"缩放"选项前面的"切换动画"按钮，创建关键帧，如图2-7-14所示。再将时间指示器调至00:00:15:00处，将"视频效果"中的"缩放"数值修改为"180.0"，如图2-7-15所示。

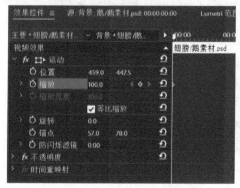

图2-7-14　创建翅膀缩放关键帧

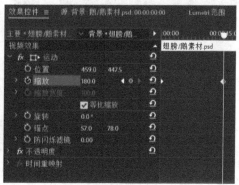

图2-7-15　设置翅膀缩放关键帧

3. "鹅"素材的运动轨迹处理

1）选中视频轨2中的"鹅"素材，将时间指示器调至开始处，单击"效果控件"面板中的"视频效果"中的"位置"选项前面的"切换动画"按钮，创建关键帧，设置数值为"X:1005.1、Y:444.5"，如图2-7-16所示。再将时间指示器调至00:00:15:00处，将"视频效果"中的"位置"数值修改为"X:326.1、Y:444.5"，如图2-7-17所示。

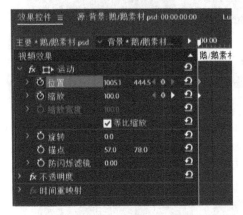

图2-7-16　创建位置关键帧

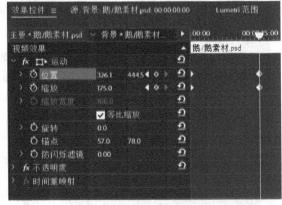

图2-7-17　设置位置关键帧

2）同理，选中视频轨3中的"鹅翅膀"素材，将时间指示器调至开始处，单击"效果控件"面板中的"视频效果"中的"位置"选项前面的"切换动画"按钮，创建关键帧，设置数值为"X:1008.0、Y:447.5"，如图2-7-18所示。再将时间指示器调至00:00:15:00处，将"视频效果"中的"位置"数值修改为"X:329.0、Y:447.5"，如图2-7-19所示。

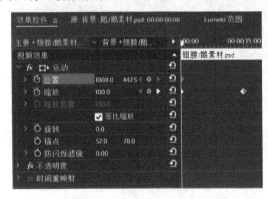

图2-7-18　翅膀位置关键帧

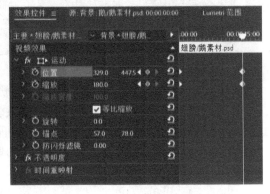

图2-7-19　翅膀位置关键帧

4. "鹅翅膀"素材的旋转处理

视频播放后发现，鹅的运动较为生硬，可以适当添加鹅翅膀摆动效果，增加画面的活力感。

1）选中视频轨3中的"鹅翅膀"素材，将时间指示器调至开始处，单击"效果控件"面板中的"视频效果"中的"旋转"选项前面的"切换动画"按钮，创建关键帧，设置数值为"15.0°"，如图2-7-20所示。再将时间指示器调至00:00:02:00处，将"视频效果"中的"位置"数值修改为"-15.0°"，如图2-7-21所示。

2）之后，按此规律每隔2s修改"视频效果"中的"旋转"数值。例如，00:00:04:00处，"旋转"数值为"15.0°"；00:00:06:00处，"旋转"数值为"-15.0°"；00:00:08:00处，"旋转"数值为"15.0°"，一直做到00:00:22:00止。最终完成效果如图2-7-22所示。

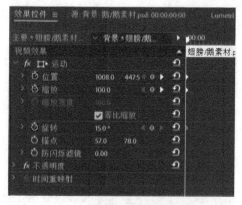

图2-7-20　创建翅膀旋转关键帧

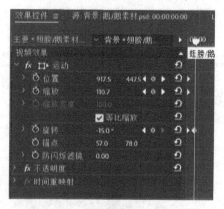

图2-7-21　设置翅膀旋转关键帧

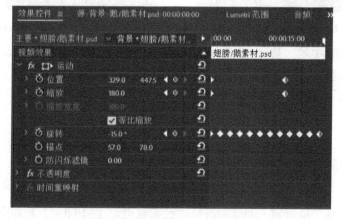

图2-7-22　翅膀旋转关键帧完成效果

Tips

初期在不熟练时可以采用这种烦琐的方式逐个创建关键帧，熟练之后，可以复制粘贴相似关键帧到不同的位置，达到省时省力的目的。具体可参考下文中荷花的关键帧操作。

5. "荷花"素材动态随风舞动处理

1）将"荷花1"素材拖动至视频轨4中，并延长至00:00:22:24处，如图2-7-23所示。

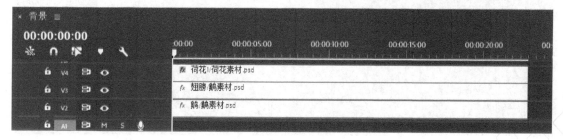

图2-7-23　轨道中的"荷花"素材

97

2）选中该视频轨中的"荷花1"素材,设置"荷花1"的"效果控件"面板中的"位置"数值为"X:588.0、Y:440.5","缩放"为"126.0",如图2-7-24所示。

3）将"荷花2"素材拖动至视频轨5中,并延长至00:00:22:24处。选中该视频轨中的"荷花2"素材,设置"荷花2"的"效果控件"面板中的"位置"数值为"X:363.0、Y:481.5","缩放"为"100.0",如图2-7-25所示。

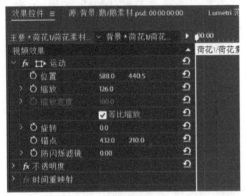
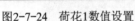
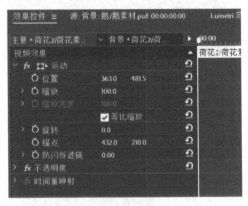

图2-7-24 荷花1数值设置　　　　　　　　图2-7-25 荷花2数值设置

4）选中视频轨4中的"荷花1"素材,再单击"效果控件"面板中"运动"选项,此时节目监视器中"荷花1"素材中心位置会显示操作手柄,如图2-7-26所示,拖拽节目监视器中的操作手柄至右下角位置,如图2-7-27所示。

> **Tips**
>
> 　　由于荷花随风摆动是以根部为中心旋转的,所以需要将荷花的旋转中心下移,才能符合荷花实际随风摆动效果。

5）将时间指示器调至开始处,单击"效果控件"面板中的"视频效果"中的"旋转"选项前面的"切换动画"按钮 ⏱,创建关键帧,设置数值为"-10.0°",如图2-7-28所示。选中右侧的关键帧图标 ▶,按<Ctrl+C>组合键复制该关键帧,将时间指示器调至00:00:06:00处,按<Ctrl+V>组合键粘贴该关键帧,粘贴在00:00:12:00、00:00:18:00处,如图2-7-29所示。

图2-7-26 设置操作手柄位置1

图2-7-27　设置操作手柄位置2

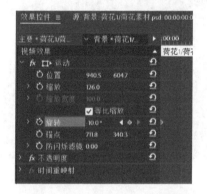

图2-7-28　"荷花1"素材旋转

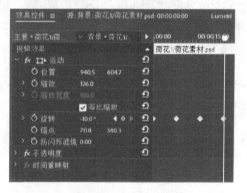

图2-7-29　旋转关键帧

6）将时间指示器调至00:00:03:00处，设置"旋转"关键帧数值为"5.0°"，如图2-7-30所示。复制该关键帧，粘贴在00:00:09:00、00:00:15:00、00:00:21:00处，如图2-7-31所示。

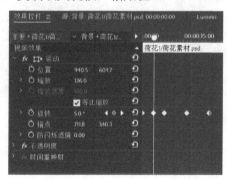

图2-7-30　荷花1素材旋转

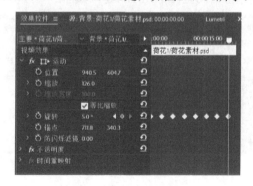

图2-7-31　旋转关键帧

7）选中视频轨中的"荷花2"素材，单击"效果控件"的"运动"选项，拖拽"荷花2"素材的操作手柄至画面左下角，即该素材的下方位置，如图2-7-32所示，然后设置该素材"效果控件"面板中的"视频效果"中的"旋转"关键帧在00:00:01:00、00:00:07:00、00:00:13:00、00:00:19:00处数值为"-10.0°"，如图2-7-33所示，在00:00:04:00、00:00:10:00、00:00:16:00、00:00:22:00处数值为"5.0°"，如图2-7-34所示。

图2-7-32　拖拽操作手柄

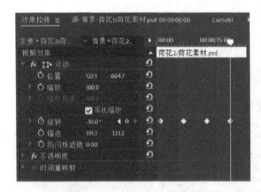

图2-7-33　"荷花2"素材旋转

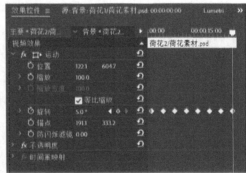

图2-7-34　旋转关键帧

6. "蜻蜓"飞舞效果

1）将时间指示器调至00:00:05:00处，然后将"蜻蜓"素材拖动至视频轨6中，延长该素材的播放时间至00:00:10:00处，如图2-7-35所示。

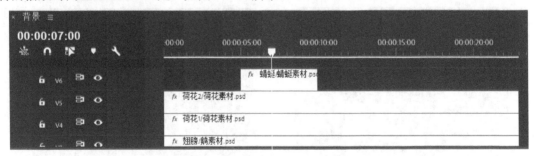

图2-7-35　放置"蜻蜓"素材

2）在"蜻蜓"素材的"效果控件"面板中，设置蜻蜓的起始"位置"是"X:-25、Y:161.5"，起始"缩放"为100，"旋转"为"-28.0°"，在00:00:05:00处，打开"位置""缩放"和"旋转"选项前面的"切换动画"按钮 ，设置起始关键帧，如图2-7-36所示。

Tips

　　蜻蜓在飞行过程中始终保持头部朝向行进方向，制作过程中需要特别注意设置旋转方向的关键帧，让其实现飞行的自然效果。

3）将时间指示器调为00:00:07:00，设置"蜻蜓"素材的中间关键帧"位置"为"X:376 Y:188.5"，"缩放"为"79.0"，"旋转"为"−19.0°"，如图2-7-37所示。

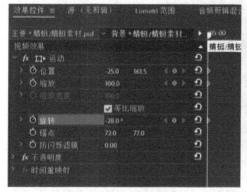

图2-7-36　起始关键帧　　　　　　　　图2-7-37　中间关键帧

4）将时间指示器调为00:00:10:00，设置"蜻蜓"素材的结束关键帧"位置"为"X:1051.0、Y:372.5"，"缩放"为"61.0"，"旋转"为"−9.0°"，如图2-7-38所示。

图2-7-38　结束关键帧

5）将时间指示器调为00:00:07:00，鼠标右键单击"蜻蜓"素材00:00:07:00处的中间关键帧，在弹出的快捷菜单中，执行"临时插值"→"连续贝塞尔曲线"命令，如图2-7-39所示，关键帧图标变为■，展开"位置"属性，向上拖动该曲线手柄，提高该关键帧的瞬时速度，如图2-7-40所示。

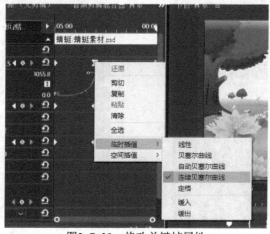

图2-7-39　修改关键帧属性

101

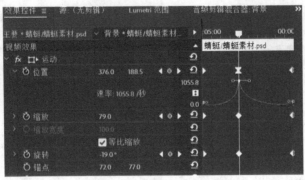

图2-7-40　修改曲线手柄值

Tips

为了让播放更加自然，符合蜻蜓飞行的飞行规律，将蜻蜓的飞行速度进行特别调整，全程保持非匀速前进。

7. 添加音频和字幕

1）为了使整个作品完整，将"咏鹅"音频素材拖拽至音频轨1中。

2）执行"文件"→"新建"→"旧版标题"命令，新建字幕"咏鹅"，打开"字幕"对话框，插入"咏鹅"字幕，效果如图2-7-41所示。设置文字"宽度"为"154.7"，"高度"为"63.0"，"字体系列"为"楷体"，"字体大小"为"63.0"，选中"填充"复选框，设置"颜色"为"黑色"，参数设置如图2-7-42所示。插入全文诗句字幕，设置文字"宽度"为"346.3"，"高度"为"224.0"，"字体系列"为"楷体"，"字体大小"为"47.0"，选中"填充"复选框，设置"颜色"为"黑色"，参数设置如图2-7-43所示。

图2-7-41　字幕完成效果

图2-7-42　"咏鹅"标题设置　　　图2-7-43　"咏鹅"诗句设置

3）关闭"字幕"对话框，将素材箱中的"咏鹅"字幕拖动至视频轨7中，适当调整字幕位置，延长播放时间至00:00:22:24处，如图2-7-44所示。

图2-7-44　视频轨完成效果

8.渲染导出视频

执行"文件"→"导出"→"媒体"命令，输入文件名为"咏鹅"，设置存储路径，单击"导出"按钮导出视频。

◆　**课后练习**

海底世界物种丰富，请大家尝试绘制一幅海底生物动态图，其中水草随波逐流，鱼虾自由自在。注意鱼虾的游动轨迹通常为非匀速运动，且头始终向着行进方向。尝试发挥想象，相信大家会制作出不一样的作品。

◆　**归纳总结**

1）制作视频运动素材时，注意需要去背景处理，可以配合Photoshop、Illustrator等制图软件辅助制作。

2）物体运动时需要特别注意物体的运动规律，例如，匀速或非匀速、方向变化、中心点的差异等。

3）关键帧是Premiere中物体运动的关键，也是物体运动的首尾变化点。

案例8 旅游宣传册
——对象状态变化效果

◆ 学习指导

通过上一个案例的学习，已经基本掌握了Premiere中物体运动轨迹的制作方法，本案例通过宣传册的制作，掌握各物体的形状、颜色等变化的制作方法。

◆ 案例描述

如今的旅游业已经越来越发达，试想如果将自己家乡的美丽风景制作成好看的电子宣传册，一定能吸引更多观光客来旅游，从而让外人了解自己的家乡，并且带来更多的经济利益。

◆ 案例分析

1）宣传册可以以书本形式呈现，利用关键帧制作翻页效果。

2）作为旅游宣传，适当地运用动态蒙版会增加相册的吸引力。

3）根据拍摄主题，选择合适的色调统一风格，适当增加色彩的变化效果。

◆ 效果预览

效果如图2-8-1～图2-8-6所示。

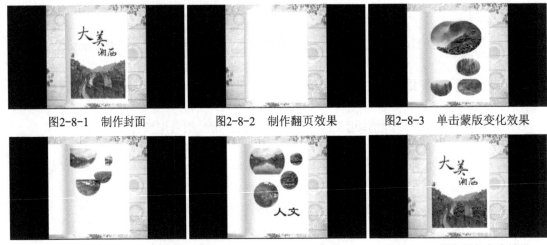

图2-8-1　制作封面　　　　　图2-8-2　制作翻页效果　　　　图2-8-3　单击蒙版变化效果

图2-8-4　制作蒙版运动效果　　图2-8-5　内页效果　　　　　图2-8-6　制作颜色变化效果

◆ 操作步骤

1. 素材准备

1）制作标题文字，使用Photoshop软件完成去背景处理，如图2-8-7所示。

图2-8-7　素材处理

2）执行"文件"→"导入"命令，导入本案例的所有素材文件，在弹出的"导入分层文件"对话框中，在"导入为"下拉列表中，选择"合并所有图层"选项，单击"确定"按钮，如图2-8-8所示。

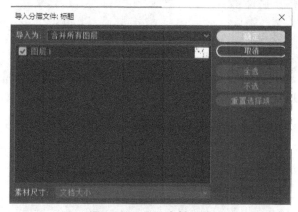

图2-8-8　导入素材文件

2. 制作封面

1）将"背景.jpg"素材直接拖动到视频轨1中，延长播放时间至00:00:38:15处。

2）将"书页.jpg"素材直接拖动到视频轨4中，延长播放时间至00:00:25:05处，在"效果控件"面板中，设置"书页"素材的"位置"为"X:650.0、Y:667.0"，"缩放"为"169.0"，参数设置如图2-8-9所示。

图2-8-9　"书页.jpg"素材参数设置

3）将"封面.psd"素材直接拖动到视频轨5中，延长播放时间至00:00:08:00处，在"效果控件"面板中，设置"封面.psd"素材的"位置"为"X:660.0、Y:772.0"，取消"等比缩放"选项，设置"缩放高度"为"100.0"，"缩放宽度"为"59.0"。为了实现图片黑白效果，将"效果"面板中的"视频效果"→"图像控制"→"黑白"特效拖动至视频轨5的"封面.psd"素材上，如图2-8-10所示，参数设置如图2-8-11所示。

图2-8-10　添加"黑白"视频特效

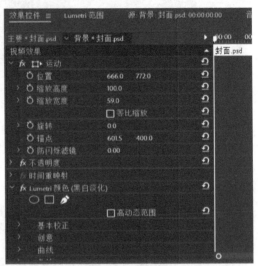

图2-8-11　"封面.psd"素材参数设置

4）将"标题.psd"素材直接拖动到视频轨6中，延长播放时间至00:00:08:00处，在"效果控件"面板中，设置"标题"素材的"位置"为"X:672.0、Y:449.0"，"缩放"为"243.0"，参数设置如图2-8-12所示。

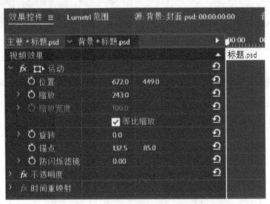

图2-8-12　"标题.psd"素材参数设置

5）为了增加动态效果，为"标题.psd"素材添加视频特效，在"效果"面板中，选择"视频效果"→"变换"→"裁剪"特效，将其直接拖动至视频轨6上，如图2-8-13所示。

6）选中视频轨6中的"标题.psd"素材，在"效果控件"面板中，打开"裁剪"效果中"底部"前面的关键帧开关，设置视频开始处的值为100.0%，在00:00:03:00处，设置"底部"值为"0.0%"，参数设置如图2-8-14所示。

7）为"封面.psd"素材添加视频特效，在效果面板中，选择"视频效果"→"变换"→"裁剪"特效，将其直接拖动至视频轨5中的"封面.psd"素材上，在"效果控件"

面板中，打开"裁剪"效果中"左侧""底部"和"羽化边缘"前面的关键帧开关，在00:00:03:00处设置"左侧"值为"100.0%"，"底部"值为"100.0%"，"羽化边缘"值为"50"。在00:00:06:00处，设置"左侧"值为"0.0%"，"底部"值为"0.0%"，"羽化边缘"值为"0"，参数设置如图2-8-15所示。

图2-8-13　添加"裁剪"视频特效

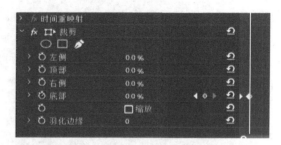

图2-8-14　"标题.psd"素材的参数设置

图2-8-15　"封面.psd"素材的参数设置

8）在00:00:08:00处，为"标题.psd"和"封面.psd"素材添加视频过渡，在"效果"面板中选择"视频过渡"→"溶解"→"交叉溶解"效果，将其分别拖拽至"标题.psd"和"封面.psd"素材上，参数采取默认设置，如图2-8-16和图2-8-17所示。

图2-8-16　添加视频过渡

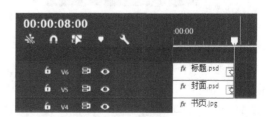

图2-8-17　视频轨设置

9）制作翻页效果，为视频轨4上的"书页.jpg"素材添加视频效果，在"效果"面板中，选择"视频效果"→"扭曲"→"边角定位"特效，直接将其拖拽至"书页.jpg"素材上。在

"效果控件"面板中，打开"边角定位"中的"右上"和"右下"前面的关键帧开关 。在00:00:09:00处，设置"右上"关键帧值为"X:480.0、Y:0.0"，"右下"关键帧值为"X:480.0、Y:675.0"。在00:00:10:00处，设置"右上"关键帧值为"X:20.0、Y:-138.0"，"右下"关键帧值为"X:20.0、Y:543.0"，在00:00:11:00处，设置"右上"关键帧值为"X:-332.0、Y:0.0"，"右下"关键帧值为"X:-332.0、Y:670.0"，效果如图2-8-18所示。

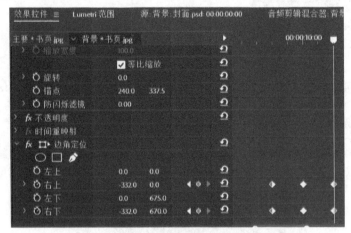

图2-8-18　制作翻页效果关键帧

3. 制作内页效果

1）在00:00:08:00处，按住<Alt>键，拖动视频轨4中的"书页.jpg"素材至视频轨3中，复制后的素材会保持书页翻动的关键帧效果。

2）在00:00:11:00处，将"插图（1）.jpg""插图（2）.jpg""插图（3）.jpg""插图（4）.jpg"分别拖拽至视频轨5、视频轨6、视频轨7、视频轨8上，延长播放时间至00:00:16:10处，如图2-8-19所示。

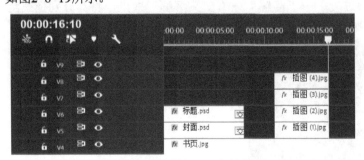

图2-8-19　素材插入视频轨效果

3）在"效果控件"面板中，设置"插图（1）.jpg"的"位置"为"X:631.2、Y:443.5"，"缩放"为"129.8"，"插图（2）.jpg"的"位置"为"X:797.6、Y:810.3"，"缩放"为"46.5"，"插图（3）.jpg"的"位置"为"X:795.2、Y:1064.1"，"缩放"为"35.7"，"插图（4）.jpg"的"位置"为"X:457.6、Y:1078.5"，"缩放"为"20.5"。

4）在00:00:11:00处，选中视频轨5中的"插图（1）.jpg"素材，单击"效果控件"面板中的"不透明度"中的"圆圈蒙版"按钮 ，为素材添加圆形蒙版，拖动4角的锚点，改变其大小，效果如图2-8-20所示。打开"蒙版路径"前的关键帧开关，在00:00:12:12处，拖动圆形蒙版的四角锚点，改变其大小，如图2-8-21所示。参数设置如图2-8-22所示。

5）为"插图（2）.jpg""插图（3）.jpg""插图（4）.jpg"添加蒙版变化效果，在00:00:11:00处，为3个素材添加小圆形蒙版关键帧，如图2-8-23所示。在00:00:12:12处，为3个素材添加大圆形蒙版关键帧，如图2-8-24所示。

图2-8-20　插入圆形蒙版1　　　　　　　　图2-8-21　插入圆形蒙版2

图2-8-22　"插图（1）.jpg"蒙版参数设置

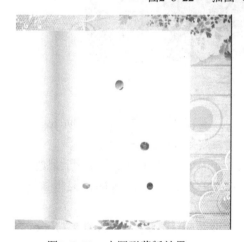

图2-8-23　小圆形蒙版效果　　　　　　　　图2-8-24　大圆形蒙版效果

6）执行"文件"→"新建"→"旧版标题"命令，插入"山水"字幕，设置"山水"文字的"字体系列"为"隶书"，"字体大小"为"119.0"，选中"填充"复选框，设置"颜色"为黑色，效果如图2-8-25所示。

图2-8-25 添加"山水"字幕

7）在00:00:12:22处，将"山水"字幕拖动到视频轨9上，设置位置如图2-8-25所示，延长播放时间至00:00:16:10，如图2-8-26所示。

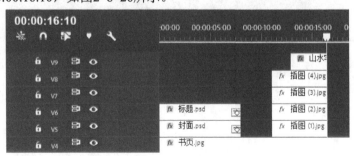

图2-8-26 插入字幕效果

8）在00:00:18:00处，用工具栏中的"剃刀"工具 ◆ 将视频轨3中的"书页.jpg"素材剪断，然后将剩余部分拖动至视频轨5的00:00:18:00处，效果如图2-8-27所示。

9）在00:00:16:10处，按住<Alt>键，拖动视频轨4中的"书页.jpg"素材至视频轨2中，然后在该素材的"效果控件"面板中，单击"边角定位"特效，按<Delete>键删除该素材上的"边角定位"特效，延长播放时间至00:00:38:15处。

10）在00:00:19:10处，将"插图（5）.jpg""插图（6）.jpg""插图（7）.jpg""插图（8）.jpg"分别拖拽至视频轨6、视频轨7、视频轨8、视频轨9上，延长播放时间至

00:00:24:20处，如图2-8-28所示。

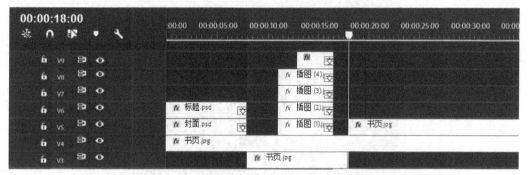

图2-8-27 添加书页素材

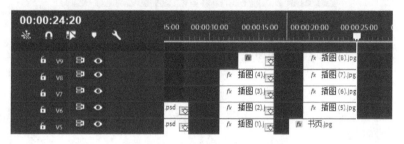

图2-8-28 素材插入视频轨效果

11）在"效果控件"面板中，设置"插图（5）.jpg"的"位置"为"X:899.5、Y:280.0"，"缩放"为"64.9"，"插图（6）.jpg"的"位置"为"X:536.1、Y:317.0"，"缩放"为"100.0"，"插图（7）.jpg"的"位置"为"X:754.4、Y:564.8"，"缩放"为"76.2"，"插图（8）.jpg"的"位置"为"X:425.0、Y:735.2"，"缩放"为"100.0"。

12）在00:00:20:10处，选中视频轨6中的"插图（5）"素材，单击"效果控件"面板中的"不透明度"中的"圆圈蒙版"按钮 ◼，为素材添加圆形蒙版，拖动4角的锚点，改变其大小，效果如图2-8-29所示。打开"蒙版路径"前的关键帧开关，在00:00:19:10处，拖动圆形蒙版至左侧大图中心位置，如图2-8-30所示。参数设置如图2-8-31所示。

图2-8-29 插入圆形蒙版1

图2-8-30 插入圆形蒙版2

111

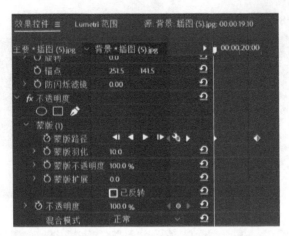

图2-8-31 "插图（5）.jpg"蒙版参数设置

13）为"插图（6）.jpg""插图（7）.jpg""插图（8）.jpg"添加蒙版变化效果，在00:00:20:10处，为3个素材添加圆形蒙版关键帧，位置如图2-8-29所示。在00:00:19:10处，移动"插图（7）.jpg""插图（8）.jpg"圆形蒙版至左上角的大图中心处，构成周围3个圆形蒙版由中心辐射向四周的效果，"插图（6）.jpg"则将圆形蒙版移动至改图的左上角位置，如图2-8-32所示。

图2-8-32 移动"插图（6）"蒙版效果

14）执行"文件"→"新建"→"旧版标题"命令，插入"人文"字幕，设置"人文"文字的"字体系列"为"隶书"，"字体大小"为"148.0"，选中"填充"复选框，设置"颜色"为黑色，效果如图2-8-33所示。

15）在00:00:21:05处，将"人文"字幕拖动到视频轨10上，设置其位置，并延长播放时间至00:00:24:20处，如图2-8-34所示。

16）为视频轨中的"插图（5）.jpg""插图（6）.jpg""插图（7）.jpg""插图（8）.jpg""人文"字幕结束处添加"交叉溶解"转场，参数采取默认设置，如图2-8-35所示。

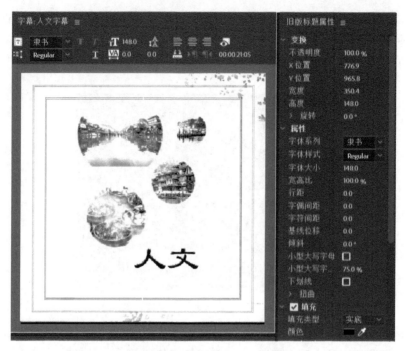

图2-8-33 添加"人文"字幕

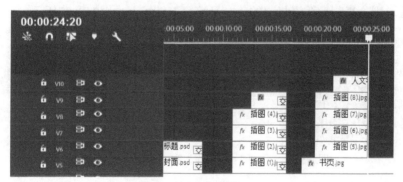

图2-8-34 插入字幕效果

图2-8-35 插入转场特效

4. 制作结束封面效果

1）在00:00:25:05处，为视频轨5上的"书页.jpg"素材制作翻页效果，选中该素材，在"效果控件"面板中，设置"右上"关键帧值为"X:-332.0、Y:0.0"，"右下"关键帧值为

"X:–332.0、Y:670.0"，在00:00:26:27处，设置"右上"关键帧值为"X:6.9、Y:–137.7"，"右下"关键帧值为"X:7.0、Y:543.2"，在00:00:27:08处，设置"右上"关键帧值为"X:470.2、Y:–3.1"，"右下"关键帧值为"X:470.2、Y:672.0"，"边角定位"参数设置，如图2-8-36所示。

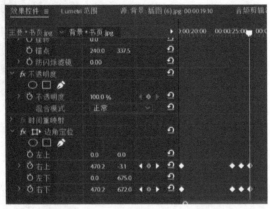

图2-8-36 "边角定位"参数设置

2）在00:00:27:15处，按住<Alt>键，拖动视频轨5和视频轨6中的"封面.psd"素材和"标题.psd"素材至视频轨6和视频轨7中，并延长视频轨7中的"标题.psd"素材播放时间至00:00:38:15处，删除复制后两素材中的"交叉溶解"转场，如图2-8-37所示。

图2-8-37 复制"封面.psd"和"标题.psd"素材

3）在00:00:34:08处，按住<Alt>键，拖动视频轨6中的"封面.psd"素材至视频轨8中，并延长该素材播放时间至00:00:38:15处，删除复制后素材中的"裁剪"和"Lumetri颜色（黑白淡化）"特效，如图2-8-38所示。在00:00:34:08处，添加"不透明度"为"0.0%"的关键帧，在00:00:35:10处，添加"不透明度"为"100.0%"的关键帧，参数设置如图2-8-39所示。

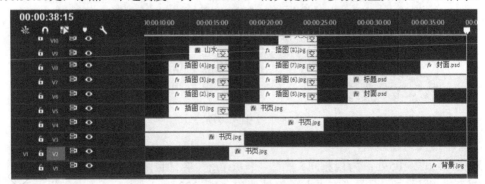

图2-8-38 "封面.psd"素材视频轨设置效果

114

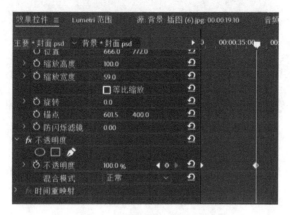

图2-8-39　"封面.psd"素材参数设置

5．渲染导出视频

执行"文件"→"导出"→"媒体"命令，输入文件名为"旅游宣传册"，设置存储路径，单击"导出"按钮，导出视频。

◆　课后练习

本案例只是尝试制作了"山水"和"人文"内页，同学可以再制作有关"民俗"和"饮食"等内容的宣传页，让旅游宣传册内容更加丰满起来，制作时应注意多增加动态的变化效果，提高读者的阅读兴趣。

◆　归纳总结

1）制作动画时，切记不要让对象满场飞，因为这样容易，主题不清，造成读者眼花缭乱，失去阅读的兴趣。

2）制作动画路径时，除了位置、大小变化，还可以有本身的形状、颜色变化。

3）同一页面的动画风格尽量统一，不要使用过多的动画形式，注意与对象本身的特点相契合。

案例9 恭贺新年
——创建文字和图形

◆ **学习指导**

通过恭贺新年的视频制作，让大家了解使用Premiere进行文字和图形创建的方法，并依据情境修改文字和图形的样式。

◆ **案例描述**

临近年底，彩虹影视公司向全体员工发送一个恭祝新年的短视频，自己负责这个短视频的制作。公司领导要求视频要短小精悍，体现公司特色，让每一位员工开心的同时，感受到公司新年的祝福。那么，该如何完成这项艰巨的任务呢？

◆ **案例分析**

1）"短小精悍"意味着视频不宜过长，40s之内即可。
2）"体现公司特色"可添加公司Logo和公司名。
3）"开心"可通过适当添加悬念完成。

◆ **效果预览**

效果如图2-9-1～图2-9-6所示。

图2-9-1　制作公司LOGO

图2-9-2　制作开始按钮

图2-9-3　单击效果

图2-9-4　字幕滚动开始

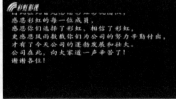

图2-9-5　字幕滚动结束

图2-9-6　结束图

◆　操作步骤

　　1. 制作公司Logo和公司名

　　1）执行"文件"→"新建"→"旧版标题"命令，如图2-9-7所示，打开"新建字幕"对话框，设置字幕"名称"为"公司LOGO和名称"，如图2-9-8所示，其他参数采取默认设置。

　　2）选择左侧工具栏中的"钢笔"工具 🖊，画出如图2-9-9所示的效果。

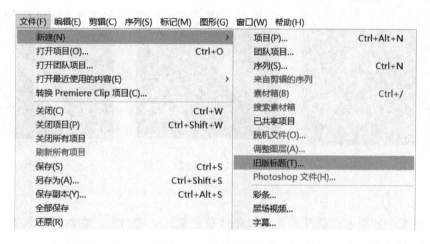

图2-9-7　打开旧版标题

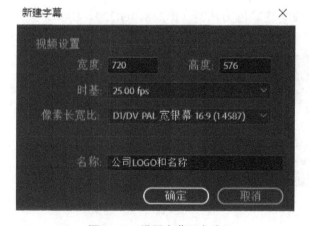

图2-9-8　设置字幕"名称"

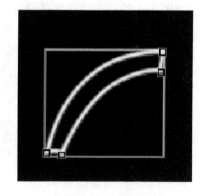

图2-9-9　制图

　　3）按照图2-9-10所示，设置"图形类型"为"填充贝塞尔曲线"，"填充类型"为"线性渐变"，"颜色"从浅红（R:238，G:80，B:80）到深红（R:169，G:17，B:17），"色彩到不透明度"为"100%"，"角度"为"324.0°"，"光泽颜色"为白色，"不透明度"为"70%"，"大小"为"36.0"，"角度"为"353.0°"，"偏移"为"6.0"。完成效果如图2-9-11所示。

　　4）复制该红色彩虹，使用"选择"工具，调整复制后的彩虹大小和位置，修改渐变颜色为浅绿（R:108，G:238，B:80）到深绿（R:38，G:169，B:17），如图2-9-12所示。

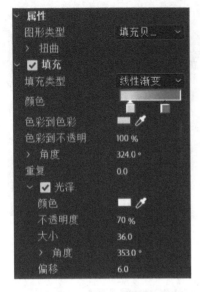

图2-9-10　标题属性　　　　图2-9-11　制作红色彩虹　　　图2-9-12　制作绿色彩虹

Tips

　　计算机显示器和电视机屏幕使用红绿蓝颜色模式创建彩色。在这种模式下，混合不同的红、绿和蓝光值可以创建出上百万种颜色。Premiere允许用户在Red(R)、Green(G)和Blue(B)中输入不同的值来模拟混合光线的过程。

　　5）同理，制作第3条黄色彩虹，修改渐变颜色为浅黄（R:238，G:229，B:80）到深黄（R:169，G:149，B:17），3条彩虹完成效果如图2-9-13所示。

图2-9-13　3条彩虹标志

　　6）在3条彩虹右侧，添加公司名。选中左侧工具栏中的"文字工具" ，输入文本"彩虹影视"，并在左侧属性栏内设置"字体系列"为"方正姚体"，"字体大小"为"78.0"，"字符间距"为"-19.0"，"填充类型"为"径向渐变"，"颜色"为浅蓝（R:80，G:238，B:234）到深绿（R:14，G:138，B:94），选中"光泽"复选框，设置"颜色"为白色，"不透明度"为"70%"，"大小"为"36.0"，"角度"为"353.0°"，"偏移"为"6.0"，选中"外描边"复选框，"类型"为"深度"，"大小"为"8.0"，选中"阴影"复选框，"不透明度"设为"38%"，"距离"为"10.0"，"大小"为"0.0"，"扩展"为"30.0"。数据设置如图2-9-14和图2-9-15所示，完成后调整图标和文字的大小位置，如图2-9-16所示（注意，此处为了方便观察阴影，加了背景效果，读者可不必理会）。

图2-9-14　数据设置1

图2-9-15　数据设置2

图2-9-16　完成效果

7）关闭"字幕"对话框，公司Logo和名称字幕自动存放在项目素材库中，方便下次使用。

2．制作开始按钮

1）新建字幕，执行"文件"→"新建"→"旧版标题"命令，打开"新建字幕"对话框，设置"名称"为"开始按钮"，单击"确定"按钮。

2）在"开始按钮"字幕对话框中，单击左侧工具栏中的"椭圆形工具" ⬭，然后按<Shift>键绘制一个正圆，如图2-9-17所示。

3）在右侧属性对话框中，取消"填充"复选框，选中"外描边"复选框，"类型"为"边缘"，"大小"为"25"，"填充类型"为"斜面"，"高光颜色"为（R:236，G:252，B:255），"阴影颜色"为（R:61，G:81，B:83），选中"变亮"复选框，"光照强度"为"203.0°"，选中"光泽"复选框，设置"颜色"为白色，"大小"为"100.0"，"偏移"为"43.0"。效果如图2-9-18所示，参数如图2-9-19所示。

4）在左侧工具栏中单击"椭圆形工具" ⬭，取消"外描边"复选框，然后按<Shift>键绘制一个正圆，如图2-9-20所示，并在右侧属性栏内选中"填充"复选框，设置"颜色"为（R:139，G:155，B:157），选中"光泽"复选框，设置"大小"为"100.0"，如图2-9-21所示。

119

图2-9-17 绘制正圆

图2-9-18 制作边框

图2-9-19 参数设置

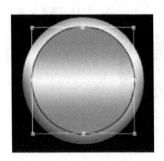

图2-9-20 绘制圆形

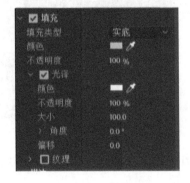

图2-9-21 参数设置

5）在左侧工具栏中单击"楔形工具"，然后按<Shift>键绘制一个正三角形，拖动4角的控制手柄，设置三角形的大小并旋转至如图2-9-22所示的位置。在右侧属性栏中，勾选"填充"复选框，设置填充"颜色"为白色，选中"阴影"复选框，设置"不透明度"为"50%"，"角度"为"135.0°"，"距离"为"10.0"，"大小"为"0.0"，"扩展"为"30.0"。如图2-9-23所示。

6）单击左侧工具栏中的"路径文字工具"，绘制如图2-9-24所示的半圆形路径，绘制完毕，再次单击"路径文字工具"，当光标显示闪烁状态时，输入"点开有惊喜"文字，然后选中文字，在右侧属性对话框中设置"字体系列"为"华文新魏"，"字体大小"为"100.0"，"字符间距"为"30.0"，选中"填充"复选框，"颜色"为白色，然后勾选"阴影"复选框，"颜色"为黑色，"不透明度"为"50%"，其他采取默认设置。制作完成后适当调整字符位置，使其在按钮正上方均匀排布，如图2-9-25所示。

图2-9-22　楔形图形

图2-9-23　参数设置

图2-9-24　添加路径文字

图2-9-25　参数设置

7）完成效果如图2-9-26所示（注意，此处为了方便观察阴影，加了背景效果，读者可

121

不必理会）。

图2-9-26 完成效果

⚙ Tips

此处的开始图形，也可以通过Photoshop或者Illustrator等制图软件完成，方法大致类似，直接导入即可。

8）关闭"字幕"对话框，开始按钮字幕自动存放在项目素材库中，方便下次使用。

3．制作滚动字幕

1）新建字幕，执行"文件"→"新建"→"旧版标题"命令，打开"新建字幕"对话框，设置"名称"为"滚动字幕"，单击"确定"按钮。

2）单击左侧工具栏的"文字工具" T，将本案例素材"滚动字幕.docx"中的文字粘贴至安全字幕区域，如图2-9-27所示，设置右侧属性对话框中"字体系列"为"华文楷体"，"字体大小"为"41.0"，"行距"为"16.0"，"字符间距"为"6.0"，选中"填充"复选框，"颜色"设置为白色，如图2-9-28所示。

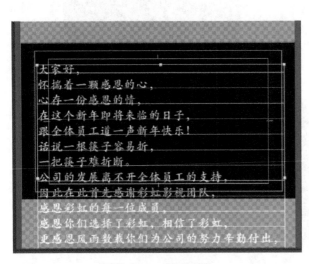

图2-9-27 滚动字幕

图2-9-28 参数设置

3）单击上方横排工具栏中"滚动/游动选项"按钮 ，打开"滚动/游动选项"对话框，设置"字幕类型"为"滚动"，同时勾选"定时（帧）"下面的"开始于屏幕外"和"结束于屏幕外"两个复选框，单击"确定"按钮，如图2-9-29所示。

Tips

此处应注意字幕的起始位置是在整个屏幕的中间，通过拖动右侧滚动条设置，防止字幕在视频播放开始时始终不出现的情况发生。

图2-9-29　"滚动/游动选项"设置

4）关闭"字幕"对话框，滚动字幕自动存放在项目素材库中，方便下次使用。

4. 制作祝福视频

1）执行"文件"→"新建"→"颜色遮罩"命令，打开"新建颜色遮罩"对话框，采取默认设置，单击"确定"按钮，设置"颜色"为深蓝色（R:24，G:37，B:67），再次单击"确定"按钮。该"颜色遮罩"素材已经自动放置在素材箱内。将"颜色遮罩"素材拖动到视频轨1中，延长播放时间至00:00:09:05处。

Tips

"颜色遮罩"素材可以像普通素材一样，在其上双击可以随时更改颜色、大小和位置，不是一成不变的。

2）将公司Logo和名称字幕素材拖动到视频轨4中，延长播放时间至00:00:39:00处。选中视频轨上的公司Logo和名称字幕文件，在"效果控件"面板中，设置"位置"为"X:90.5、Y:52.9"，"缩放"为"46.4"，参数设置如图2-9-30所示，完成效果如图2-9-31所示。

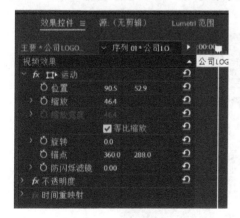

图2-9-30　参数设置

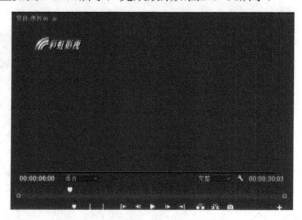

图2-9-31　公司Logo和名称字幕效果

视频轨就如图层的叠加效果一样，上层轨道的视频会遮盖下层轨道的视频，所以在制作过程中对于始终要显示的部分，将其放在最上层的轨道上，防止其被不必要的元素遮盖，就如同本案例中的公司LOGO必须放在所有轨道之上一样。

3）将"开始按钮"素材拖动至视频2中，延长播放时间至00:00:09:05处，选中视频轨上的开始字幕文件，在"效果控件"面板中，设置"位置"为"X:361.7、Y:323.9"，"缩放"为"69.5"，参数设置如图2-9-32所示，完成效果如图2-9-33所示。

图2-9-32　参数设置　　　　　　　　　　图2-9-33　开始字幕设置

4）执行"文件"→"导入"命令，选择本节素材"手.psd"文件，打开"导入分层文件：手"对话框，在"导入为"的下拉列表框中，选择"合并所有图层"选项，单击"确定"按钮，如图2-9-34所示。将播放指示器位置设置为00:00:06:00，拖动素材箱中的"手.psd"文件至视频轨3该处，延长播放时间至00:00:09:05处，"时间线"面板如图2-9-35所示。

5）选中"时间线"面板上的"手.psd"文件，在"效果控件"面板上设置"缩放"为"117.2"，在00:00:06:00处设置"位置"关键帧为"X:704.0、Y:543.7"，如图2-9-36所示，在00:00:07:00处设置"位置"关键帧为"X:374.2、Y:414.5"，如图2-9-37所示。

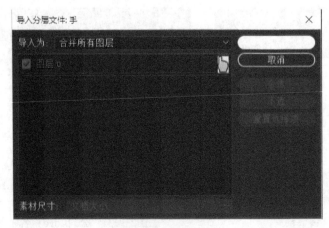

图2-9-34　导入图片

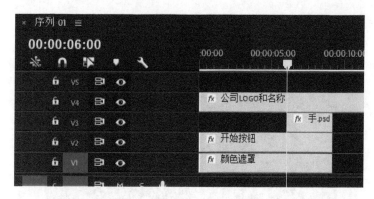

图2-9-35　"时间线"面板

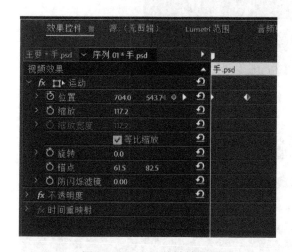

图2-9-36　6s处关键帧设置

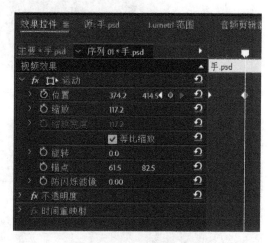

图2-9-37　7s处关键帧设置

6）将素材箱中的"滚动字幕"放置在视频轨3中，紧跟"手.psd"文件之后，在播放指示器位置框中输入00:00:34:00，按<Enter>键，将时间指针指向该处，拖动"滚动字幕"文件右侧边缘至此处，如图2-9-38所示，设置"效果控件"面板中的"位置"为"X:357.4、Y:325.4"，取消"等比缩放"复选框，设置"缩放高度"为"81.7"，如图2-9-39所示。

7）执行"文件"→"导入"命令，导入本案例其余素材至素材箱中，将"新年快乐.jpg"拖动至视频轨3中，紧跟"滚动字幕"之后，拖动其结束位置至00:00:39:00处，将"背景音乐.mp4"拖动至音频轨1中，如图2-9-40所示。

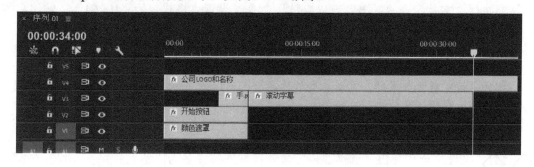

图2-9-38　"滚动字幕"的位置设置

125

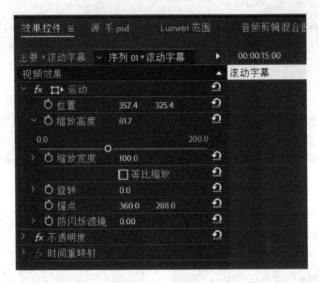

图2-9-39　参数设置

图2-9-40　完成效果

> **Tips**
>
> 此处的新年图片如果改成公司领导的祝福视频，那么效果可能会提升更多。在实际工作中，视频制作应该多体现制作者本身的特有元素，这样的视频才更易引起观者的共鸣。

8）执行"文件"→"导出"→"媒体"命令，设置"格式"为"H.264"，输出名称为"恭贺新年.mp4"，设置存储路径，单击"确定"按钮。

> **Tips**
>
> 视频是讲究整体效果的，完成本案例作品后，可以适当地将之前学过的转场和特效融合进本案例作品中，效果将会更佳。

5. 渲染导出视频

执行"文件"→"导出"→"媒体"命令，输入文件名为"恭贺新年"，设置存储路径，单击"导出"按钮，导出视频。

◆　课后练习

　　临近感恩节，作为子女，可以给父母做一段属于自己的感恩视频，加入自己平时想说却不好意思说出的话，尝试使用游动字幕滚动的形式，配以生活的点滴视频，可能会有意想不到的效果。

◆　归纳总结

　　1）制作文字的同时，应该配合所使用的场景，注意大小和色彩搭配。

　　2）制作文字时，切记不要出现满屏堆砌的情况，因为这样会带给观看者一种厌烦的视觉体验。

　　3）制作视频时，可利用Photoshop、Illustrator等制图工具辅助制作文字和图形素材，观看效果更佳。

案例10 歌曲字幕
——视频字幕样式

◆ 学习指导

通过一首英文字母歌的视频制作，让大家了解Premiere视频字幕的多种创建方法，并依据情境修改文字和图形的样式。

◆ 案例描述

最近家里形成了一股学习英文的热潮，妈妈为年仅5岁的妹妹学习英文数字找了一首儿歌，可惜这个视频没有字幕不方便使用，现在请你帮忙用Premiere添加上歌词字幕，另外为了添加片头方便分类，添加片尾时加几张可爱的图片替代常见的广告，不会显得那么单调。那么，该如何完成这项任务呢？

◆ 案例分析

1）"歌词字幕"意味着除了添加歌词，还要加入变色的功能。
2）"片头"一般是歌曲的名字和歌唱者的名字。
3）"片尾"常见的内容一般是演职员表，通常还会添加各种投资商广告。

◆ 效果预览

效果如图2-10-1～图2-10-6所示。

图2-10-1　关键帧定位歌曲名

图2-10-2　曲线路径

图2-10-3　三个红点倒计时

图2-10-4　添加变色字幕

图2-10-5　跑马灯字幕

图2-10-6　添加广告位

◆ 操作步骤

1. 用关键帧定位歌曲名

1）执行"文件"→"新建"→"旧版标题"命令，如图2-10-7所示，打开"新建字幕"对话框，设置字幕"名称"为"歌曲名"，如图2-10-8所示，其他参数采取默认设置。

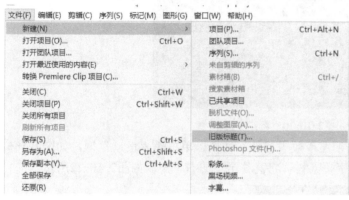

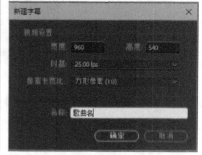

图2-10-7　打开旧版标题　　　　　　　　　　　图2-10-8　设置字幕名称

2）选择左侧工具栏中的"文本工具"，输入"英文数字歌"，并将"字体系列"改成"Adobe 黑体Std"，在旧版标题属性中，勾选"填充"复选框，打开下拉小菜单，"填充类型"为"斜面"，"高光颜色"为白色，"高光不透明度"为"100%"，"阴影颜色"为#FF5400，"阴影不透明度"为"100%"，"平衡"为"0.0"，"大小"为"40.0"，"光照角度"为"100.0"，"光照强度"为"98.0"，勾选"管状"复选框，如图2-10-9所示，单击右上角的"关闭"按钮退出即可生成字幕文件。

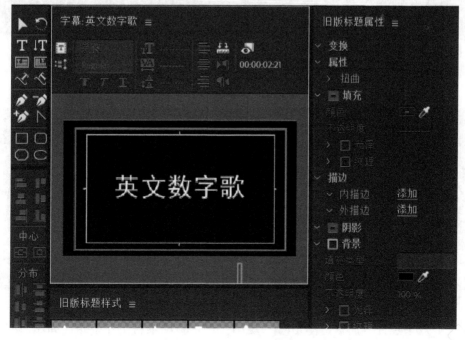

图2-10-9　输入歌曲名文字

3）新建"序列01"，将字幕拖入视频轨1，如图2-10-10所示。

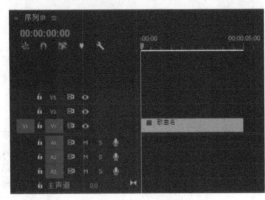

图2-10-10　新建序列

4）单击视频轨1中的字幕素材，在"效果控件"面板，单击▣"运动"键，如图2-10-11所示，可拖动"节目"面板中的字幕素材，将其移至页面右下角，如图2-10-12所示。

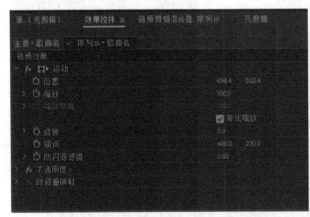

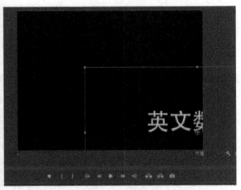

图2-10-11　"效果控件"中的"运动"键　　　　　　图2-10-12　移到右下角

5）单击"位置"前的关键帧标志，定位起始关键帧，如图2-10-13所示。

6）在"播放指示器位置"输入"100"，定位到1s之后，如图2-10-14所示。

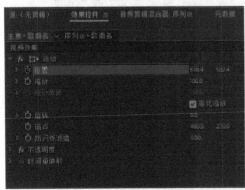

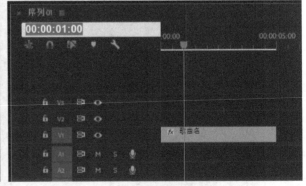

图2-10-13　定位起始关键帧　　　　　　图2-10-14　播放指示器位置

7）在"效果控件"面板，单击▣"运动"键，移动素材至左下角，如图2-10-15所示，可自动生成下一个关键帧。

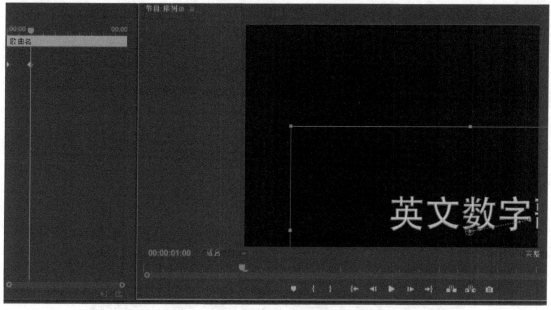

图2-10-15　移动素材

8）在"播放指示器位置"，每隔1s定位1次，再使用"效果控件"面板中的"运动"键移动素材，使其形成一条曲线路径，如图2-10-16和图2-10-17所示。

图2-10-16　2秒后的关键帧　　　　　　　　　　　图2-10-17　3秒后的关键帧

9）在4s时，定位最后一个关键帧，把字幕素材移动到页面居中位置，并拖动路径上的杠杆微调，使曲线圆滑流畅，如图2-10-18所示。

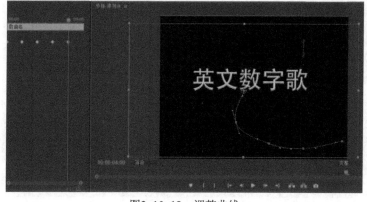

图2-10-18　调整曲线

10）使用同样的曲线路径将演唱者的姓名也放置于页面中，如图2-10-19所示。

图2-10-19　加入演唱者姓名

2. 红点倒计时

1）在视频轨1插入"素材：英文儿歌.mp4"，用"剃刀"工具裁剪视频到00:00:43:07处，将后半段视频删除，如图2-10-20所示。

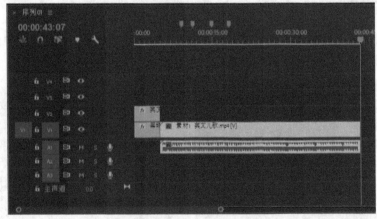

图2-10-20　裁剪视频1

2）在00:00:23:15处，用"剃刀"工具剪断，如图2-10-21所示，在后半截素材处右键单击，在弹出的快捷菜单中执行"取消链接"命令，如图2-10-22所示，删除视频，保留音频，如图2-10-23所示。

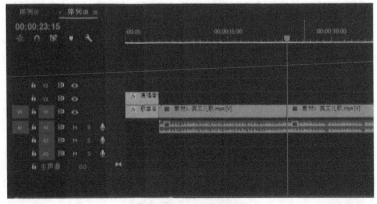

图2-10-21　裁剪视频2

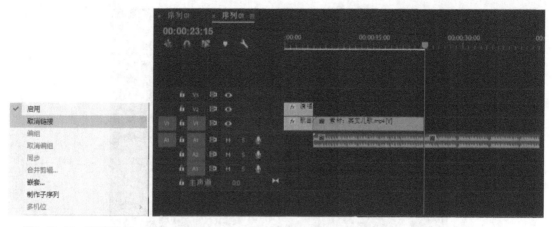

图2-10-22　取消链接　　　　　　　　　　　　图2-10-23　保留音频

3）将播放指示器移回到5s，新增旧版标题，命名为"红点"，按住<Shift>键画一个正圆形，勾选"填充"复选框，设置"颜色"为"红色（#FF0000）"，如图2-10-24所示。

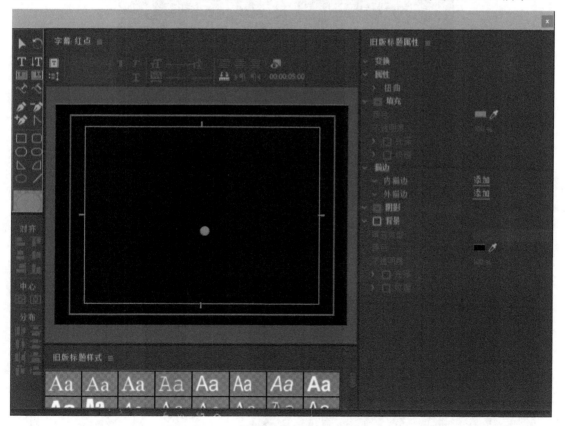

图2-10-24　圆形

4）将"红点"字幕拖动到视频轨2中，按住<Alt>键往上分别拖动到视频轨3和视频轨4中，复制另外两个红点，如图2-10-25所示。

5）将音频轨1往下拉放大，可以更清楚地找到每句歌词的峰值。将"红点"的时间出点修改为00:00:09:02，如图2-10-26所示。

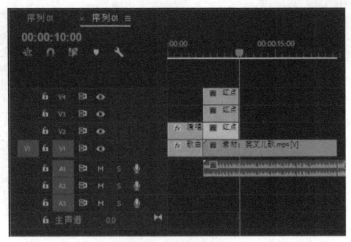

图2-10-25　复制红点

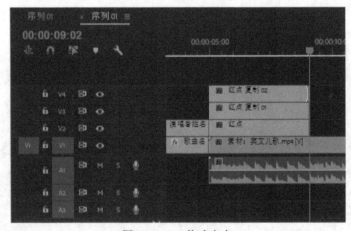

图2-10-26　修改出点

6）将视频轨3的时间出点调整至00:00:07:09，视频轨4的时间出点调整至00:00:06:04，如图2-10-27所示。三个红点分别使用"效果控件"面板中的"运动"键移动位置，如图2-10-28所示。

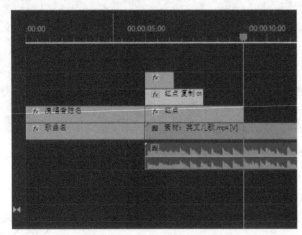

图2-10-27　出点时间修改

图2-10-28　红点位置调整

134

　　可以将视频轨前面的 切换视频轨输出，暂时屏蔽不需要的轨道，可以方便地修改红点的位置。

3. 添加变色字幕

1）将时间点移到00:00:09:02，使用工具栏中的"文字工具"，如图2-10-29所示，直接在"节目"面板上添加歌词。

图2-10-29　工具栏中"文字工具"

2）将歌词文字输入到画面中后，在"效果控件"面板中，将"源文本"中的字体修改为"Berlin Sans FB"，勾选"外观"中"填充"前的复选框，并将填充颜色设置为白色，勾选"描边"前的复选框，并将描边颜色设置为"绿色（#25B340）"，描边宽度为"10.0"，如图2-10-30和图2-10-31所示。

图2-10-30　文字属性

图2-10-31　屏幕展示效果

3）将这句歌词字幕的时间出点调整到00:00:11:07，整体稍微缩小一点，按住<Alt>键拖拉复制到视频轨3，将其填充颜色设置为"#E9DF3C"，如图2-10-32和图2-10-33所示。

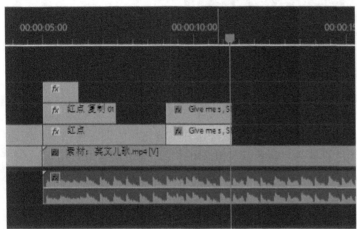

图2-10-32　复制歌词字幕

图2-10-33　填充颜色

4）将时间点移到00:00:09:02，选择视频轨3的歌词，在"效果控件"面板，单击"文本"下的方框，创建4点多边形蒙版，如图2-10-34所示。

5）将"节目"面板中的蒙版移动并放大到可以罩住整个歌词，然后将其移动到歌词左侧空白处，如图2-10-35所示。

图2-10-34　创建蒙版

图2-10-35　移动放大蒙版

6）在00:00:09:02单击蒙版路径前的"关键帧"按钮，设置起始关键帧，如图2-10-36所示。

7）在00:00:11:06，拖动蒙版覆盖歌词，如图2-10-37所示，生成第二个关键帧。

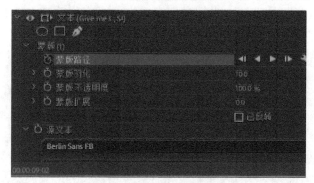

图2-10-36 起始关键帧

图2-10-37 蒙版覆盖歌词

8）按住<Alt>键拖动复制"Give me s, S!"这句歌词的两个素材，拖动到右侧，修改文本为"Give me e, E!"，根据音乐及画面调整关键帧的时间，如图2-10-38所示。

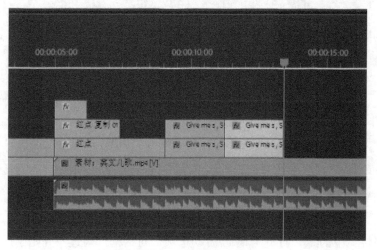

图2-10-38 添加第二句歌词

9）根据以上方法，把剩下的几句变色歌词加入歌曲中。最后的效果，如图2-10-39所示。

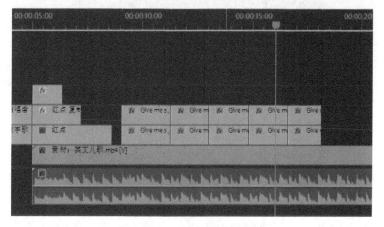

图2-10-39 添加所有的歌词

137

4. 添加走马灯字幕

1）将时间点移到00:00:23:15，新建旧版标题，命名为"演职员表"，其他数值不变。

2）使用"文字工具"，复制粘贴演职员表的文本到弹出窗口中，"字体系列"改为"Adobe 黑体 Std"，"字体大小"为"16.0"，放置于页面靠左侧，如图2-10-40所示。

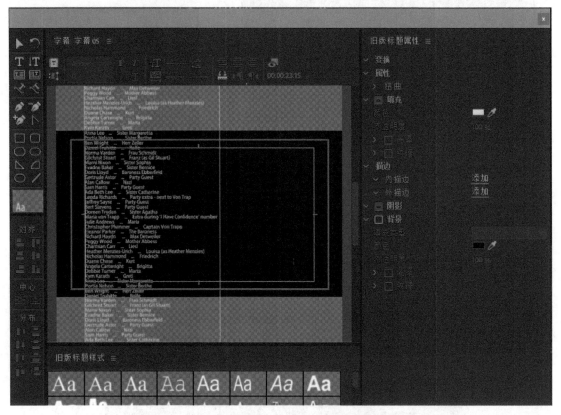

图2-10-40　插入跑马灯文字

3）单击属性栏中的█，打开"滚动/游动选项"对话框，勾选"开始于屏幕外"和"结束于屏幕外"复选框，单击"确定"按钮，如图2-10-41所示。

图2-10-41　"滚动/游动选项"对话框

4）将字幕滚动到页头，在空白处单击鼠标右键，在弹出的快捷菜单中，执行"图形"→"插入图形…"命令，如图2-10-42所示。将Logo文件夹中的"1.jpg"素材插入字幕，调整大小位置，如图2-10-43所示。

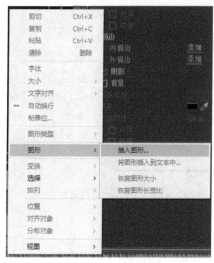

图2-10-42　插入图形

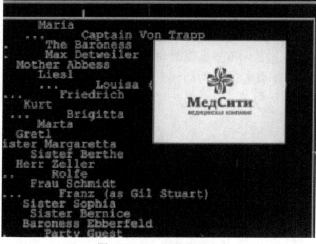

图2-10-43　调整位置大小

5）将字幕滚动到页面中间，在空白处单击鼠标右键，在弹出的快捷菜单中，执行"图形"→"插入图形…"命令，将Logo文件夹中的"2.jpg"素材插入字幕，调整大小位置。用同样的方法，在页尾加入"3.jpg"素材。

6）将字幕文件拖入视频轨1中，并将时间出点拖至片尾，如图2-10-44所示。

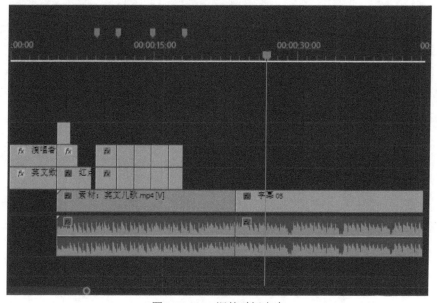

图2-10-44　调整时间出点

Tips

　　一般来说，在演职员表中，除了出现姓名，还有很多影片会在最后加入致谢以及投资商的Logo广告，甚至还会加入拍摄花絮等内容，有时还会在最后有"彩蛋"，这些都是增加观影趣味的小方法。

5. 渲染导出视频

执行"文件"→"导出"→"媒体"命令，输入文件名为"恭贺新年"，设置存储路径，单击"导出"按钮导出视频。

◆　课后练习

校园艺术节等大型活动总有不少精彩的片段，很多同学也参加了丰富的社团活动，请为你的社团拍摄并剪切一个节目，加入多种字幕效果以及片头片尾，来好好地宣传你喜爱的社团活动。

◆　归纳总结

1）制作字幕时需要配合时间和声音进行精确的时间控制。

2）每个视频的拍摄花絮可以是有趣的"彩蛋"环节。

3）制作变色字幕时重要的是蒙版本身的关键帧位置。

案例11 乐器介绍
——编辑和设置音频

◆ 学习指导

通过制作几个中国传统乐器的介绍欣赏视频，让大家了解Premiere音频文件的编辑和设置方法，并依据情境裁剪及调整音量大小。

◆ 案例描述

中国传统音乐文化源远流长，作为不同时代音乐文化的标志，中国传统乐器的种类繁多。请做一个简短的小视频介绍4种传统乐器，对其中的2种乐器分别介绍音色特点，并加入适当的名曲欣赏，让观众可以了解中国乐器，感悟传统音乐的美妙意境。

◆ 案例分析

1）传统乐器外形独特，为大家所熟知，所以介绍的部分可以相对简短。

2）乐器的介绍视频，在口述语句时可以加入相应的背景音乐。

3）名曲的音效应考虑音量大小变化等，让观众听着自然流畅。

◆ 效果预览

效果如图2-11-1～图2-11-6所示。

图2-11-1　四种乐器准备

图2-11-2　图片分别变色

图2-11-3　切换特效

图2-11-4　裁剪音频

图2-11-5　音量变化

图2-11-6　制作琵琶介绍

◆ 操作步骤

1. 将四种乐器图片做片头

1）执行"文件"→"序列"命令，在"项目"面板中单击"新建素材箱"按钮，如图2-11-7所示。

2）将所有图片放入素材箱，并将素材箱重命名为"图片"，如图2-11-8所示。

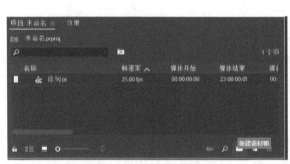

图2-11-7 新建素材箱

图2-11-8 将图片放进素材箱

3）将素材"编钟.jpg"拖入视频轨1，将素材的时间出点改为00:00:20:00，如图2-11-9所示，并在"效果控件"面板中，设置"缩放"为"169"，再使用"位置"功能将素材置于页面左侧，如图2-11-10所示。

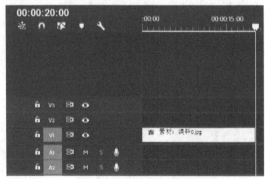

图2-11-9 修改时间地点

图2-11-10 摆放在右侧

4）按住<Alt>键，拖动"编钟.jpg"到视频轨2即可复制一个，如图2-11-11所示。继续将另外三个乐器分别放置于视频轨上，并复制三个素材到原素材视频轨的上层，如图2-11-12所示。

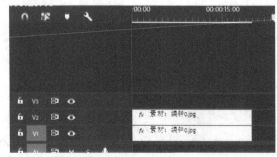

图2-11-11 复制"编钟.jpg"素材

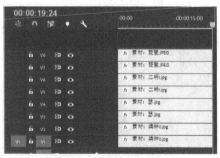

图2-11-12 放置所有素材

5）在"效果"面板中，选择"视频效果"→"图像控制"→"黑白"效果，如图2-11-13所示。将"黑白"效果分别拖动到视频轨2、视频轨4、视频轨6、视频轨8等的素材上，使其变成黑白色效果，如图2-11-14所示，出来的效果如图2-11-15所示。

图2-11-13　选择"黑白"效果

图2-11-14　加入轨道素材里

图2-11-15　黑白效果

6）每个乐器添加4 s的关键帧变化。

选择视频轨2上的"编钟.jpg"素材，将时间调整到最开始的0 s，在"效果控件"面板中的"不透明度"选项前添加第一个关键帧，"不透明度"为"100.0%"，如图2-11-16所示。

然后转到00:00:01:00，将"不透明度"调整为"0.0%"。转到00:00:02:00，"不透明度"保持为"0.0%"，手动打下关键帧，如图2-11-17所示。

图2-11-16　第一个关键帧

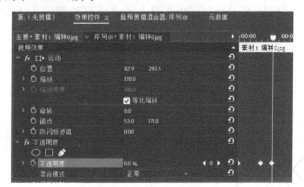

图2-11-17　中间停留1 s

143

转到00:00:04:00，将"不透明度"调整为"100.0%"，生成关键帧，如图2-11-18所示。

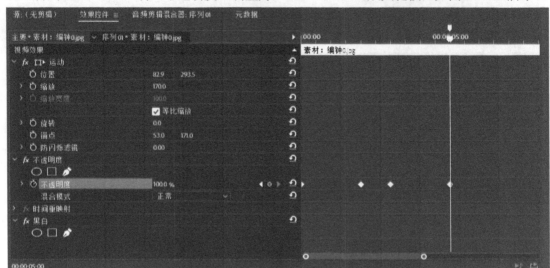

图2-11-18　定位最后一个关键帧

7）选择视频轨4上的素材，将时间调整到00:00:04:00，在"效果控件"面板中的"不透明度"选项前添加关键帧，"不透明度"为"100.0%"。

然后转到00:00:05:00，将"不透明度"调整为"0.0%"。转到00:00:06:00，"不透明度"保持为"0.0%"，手动打下关键帧。

转到00:00:08:00，将"不透明度"调整为"100.0%"，生成关键帧。

8）选择视频轨6上的"二胡.jpg"素材，将时间调整到00:00:08:00，在"效果控件"面板中的"不透明度"选项前添加关键帧，"不透明度"为"100.0%"。

然后转到00:00:09:00，将"不透明度"调整为"0.0%"。转到00:00:10:00，"不透明度"保持为"0.0%"，手动打下关键帧。

转到00:00:12:00，将"不透明度"调整为"100.0%"，生成关键帧。

9）选择视频轨8上的"琵琶.jpg"素材，将时间调整到00:00:12:00，在"效果控件"面板中的"不透明度"选项前添加关键帧，"不透明度"为"100.0%"。

然后转到00:00:13:00，将"不透明度"调整为"0.0%"。转到00:00:14:00，"不透明度"保持为"0.0%"，手动设置关键帧。

转到00:00:16:00，将"不透明度"调整为"100.0%"，生成关键帧。

10）将素材"鼠标.jpg"拖动到视频轨9，置于00:00:16:00，出点设置到00:00:20:00。在"效果"面板中，选择"视频效果"→"键控"→"颜色键"效果，将"颜色键"拖动到轨道上的"鼠标.jpg"，在"效果控件"面板中打开"fx颜色键"下拉菜单，在"主要颜色"旁的取色器中，选择素材"鼠标.jpg"的白色部分，将"颜色容差"增加到"200"，如图2-11-19所示。

图2-11-19　颜色键抠图

11）将时间回到00:00:16:00，在"效果控件"面板中，将"鼠标.jpg"素材移动到底部画面之外，在"位置"选项设置第1个关键帧。

将"节目"面板的缩放比例调小到50%，在00:00:17:00，将"鼠标.jpg"素材拖动到"二胡.jpg"图中间，在"位置"选项设置第2个关键帧。

在00:00:18:00，将鼠标素材稍微移动一点，在"位置"选项设置第3个关键帧。

在00:00:19:23，将鼠标素材拖动到页面外面，在"位置"选项设置第4个关键帧。路径效果如图2-11-20所示，关键帧位置如图2-11-21所示。

图2-11-20　路径效果

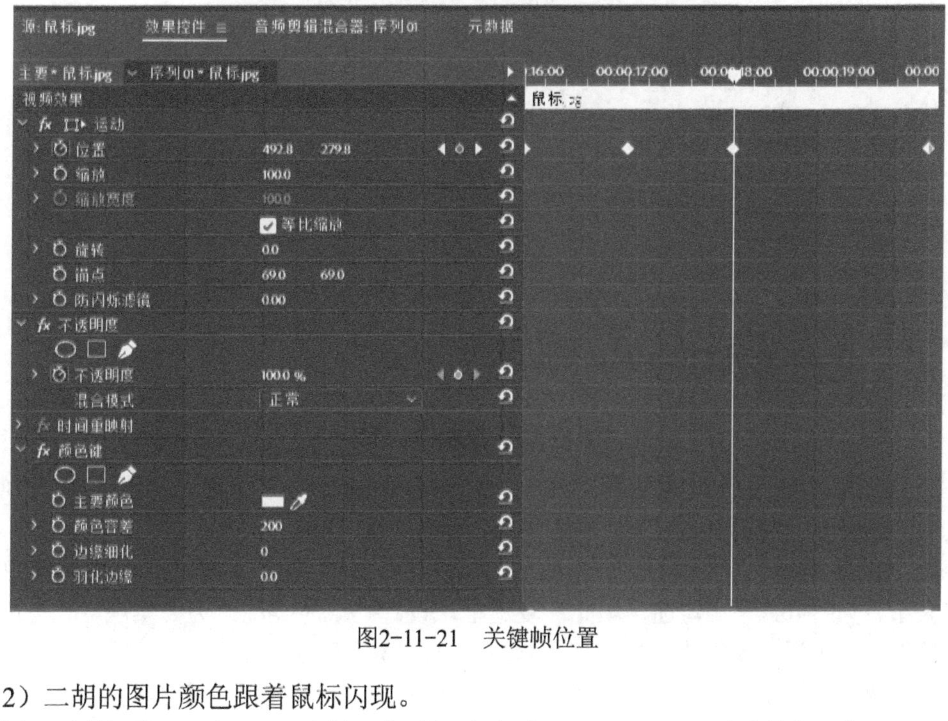

图2-11-21　关键帧位置

12）二胡的图片颜色跟着鼠标闪现。

选择视频轨6的"二胡.jpg"素材，将时间移动到00:00:16:00，"不透明度"为"100.0%"，添加关键帧。在00:00:17:00，将"不透明度"改为"0.0%"，添加关键帧。

2．二胡音质介绍短片

1）将"素材：二胡2.jpg"拖入视频轨5，在"效果控件"面板的"缩放"选项中，将素材放大至"170.0"，填满整个画面。

2）在"效果"面板中，选择"视频过渡"→"滑动"→"中心拆分"效果，如图

2-11-22所示。将"中心拆分"的特效拖动到"素材：二胡2.jpg"的文件前面。

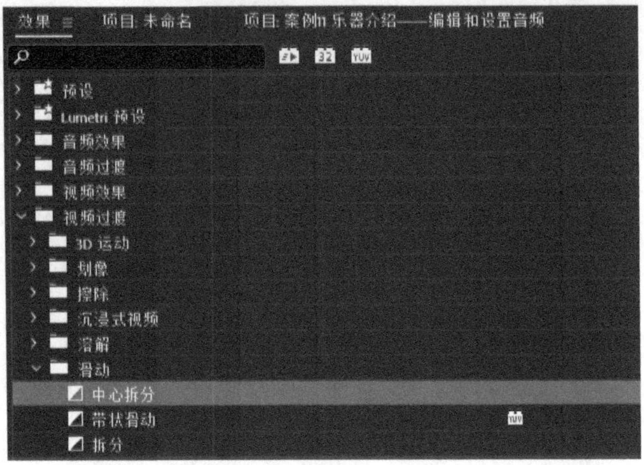

图2-11-22　中心拆分

3）执行"文件"→"新建"→"旧版标题"命令，如图2-11-23所示，命名为"二泉映月"，其他数值不变。

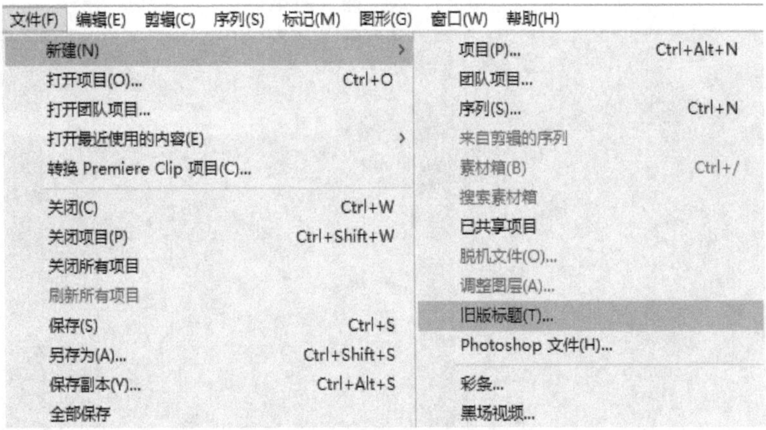

图2-11-23　新建旧版标题

在工具栏中，选择"切角矩形工具"，在画面中画出一个矩形，"高"为"78"，"长"为"206"，"圆角大小"为"15"，不透明度为"79"。

使用"文字工具"，在矩形上输入"二泉映月"，"字体系列"为"华文隶书"，"字体大小"为"46.7"，勾选"填充"复选框，设置"填充类型"为"实底"，"颜色"为"黑色"，"不透明度"为"100%"，如图2-11-24所示。

拖动字幕，添加到视频轨6，"素材：二胡2.jpg"的上方，字幕的时间入点改在00:00:21:00，出点改在00:01:19:00。将图片"素材：二胡2.jpg"的时间出点与其一致，如图2-11-25所示。

4）按住<Alt>键，拖动"二泉映月"的字幕到视频轨7，单击鼠标右键，在弹出的快捷菜单中，选择"重命名"命令，将其重命名为"月夜"，如图2-11-26所示。双击打开字幕文件，修改里面的文字为"月夜"。在"效果控件"面板中分别调整两个字幕的"位置"，如图2-11-27所示。

图2-11-24　文字属性

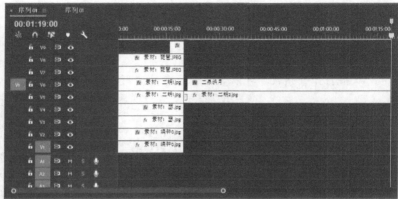
图2-11-25　修改时间入点和出点

图2-11-26　重命名为"月夜"

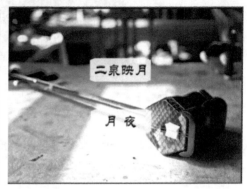
图2-11-27　调整文字位置

3. 音频裁剪

1）新建"序列02"，将音频合集拖到音频轨1，根据音频的内容进行裁剪。

2）根据内容，使用"剃刀"工具，裁剪第一段音频至00:16:20处，如图2-11-28所示。

3）在素材库新建一个素材箱"音乐"，将裁剪好的音频，拖动到里面，单击鼠标右键，在弹出的快捷菜单中，选择"重命名"命令，将其重命名为"二胡的音色介绍.mp3"，如图2-11-29所示。

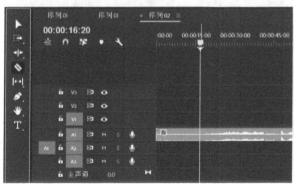
图2-11-28　剃刀切割音频

图2-11-29　重命名

4）根据音频中的提示，再分别将音频，用"剃刀"工具裁剪出"二胡：二泉映月""二胡：听松""二胡：月夜""琵琶的音色介绍""琵琶：霸王卸甲""琵琶：春

147

江花月夜""琵琶:十面埋伏"等多个音频,保存在素材箱"音乐"里。

保留所需要的音乐,按<Delete>键删除画外音。

Tips

双击打开音频轨,可以更清晰地看见波形,进行精确定位,如图2-11-30所示。

图2-11-30 精确定位

4. 音频与视频相互搭配

1)将音频"二胡:月夜.mp3"拖回序列1的音频轨1中,作为前20 s的背景音乐。

2)继续插入"二胡的音色介绍.mp3""二胡:二泉映月.mp3"和"二胡:月夜.mp3"三个音频。

3)选择视频轨6,选择字幕"二泉映月",在00:00:38:00及00:00:58:13处,用"剃刀"工具分别进行裁切,如图2-11-31所示。

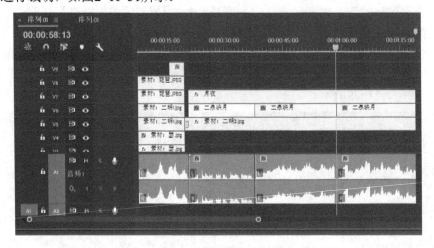

图2-11-31 裁剪字幕

4)将时间定位到00:00:38:00处,为字幕文字添加"缩放"关键帧,设置"缩放"为"100.0"。

在00:00:42:00处添加"缩放"关键帧,修改"缩放"大小为"150.0"。

在00:00:54:16处添加"缩放"关键帧,"缩放"大小不变。

在00:00:58:16处添加"缩放"关键帧，修改"缩放"大小为"100.0"，如图2-11-32所示。

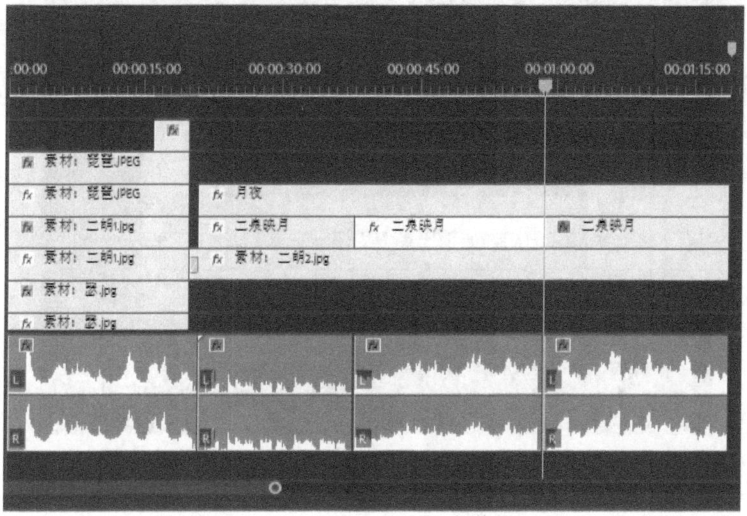

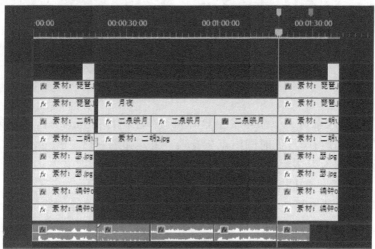

图2-11-32　添加"缩放"关键帧

5）选择视频轨7上的字幕"月夜"，无须裁切，直接加入关键帧。

将时间定位到00:00:58:16，为字幕文字添加"缩放"关键帧设置"缩放"的大小为"100.0"。

在00:01:02:16处添加"缩放"关键帧，修改"缩放"大小为"150.0"。

在00:01:15:00处添加"缩放"关键帧，"缩放"大小不变。

在00:01:19:00处添加"缩放"关键帧，修改"缩放"大小为"100.0"。

5．给琵琶增加音色介绍及名曲欣赏

1）复制前面片头1～9个视频轨的素材放置于后面，拖入音频"琵琶：霸王卸甲.mp3"作为背景音乐，如图2-11-33所示。

图2-11-33　复制片头素材

2）由于介绍的音频时间较短，需要把包括"鼠标.jpg"在内的多个素材时间缩短与其一致，将音频"琵琶的音色介绍.mp3"放在音频轨2上，如图2-11-34所示。

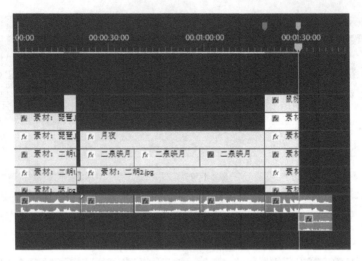

图2-11-34　调整时间长度

　　3）删除所有原本素材中的关键帧，给"鼠标.jpg"的位置变化添加新的关键帧，使其出现单击的动作，并在视频轨8中的"素材：琵琶"添加透明度变化的关键帧，使其与鼠标的单击动作一致，效果如图2-11-35所示。

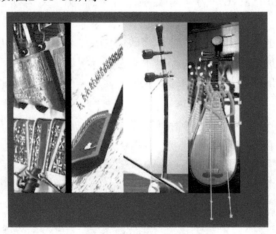

图2-11-35　琵琶的介绍

　　4）在音频轨1拖入素材"十面埋伏.mp3"和"春江花月夜.mp3"，在视频轨7加入"素材：琵琶2.jpg"，并使得图片的时间出点与音频一致，如图2-11-36所示。

　　5）在视频轨8加入旧版字幕，格式与前面二胡的一致，把文本内容修改为"十面埋伏"和"春江花月夜"，如图2-11-37所示。

　　6）在00:01:39:21处选择视频轨9上的"十面埋伏"字幕，添加"缩放"关键帧。

　　在00:01:43:20及00:01:57:06处将"缩放"尺寸改为"150.0"，添加"缩放"关键帧。

　　在00:02:00:07处将"缩放"尺寸改为"100.0"，添加"缩放"关键帧。

　　7）在00:02:00:10处选择视频轨8上的"春江花月夜"字幕，添加"缩放"关键帧。

　　在00:02:04:10及00:01:57:06处将"缩放"尺寸改为"150.0"，添加"缩放"关键帧。

　　在00:02:00:07处将"缩放"尺寸改为"100.0"，添加"缩放"关键帧。

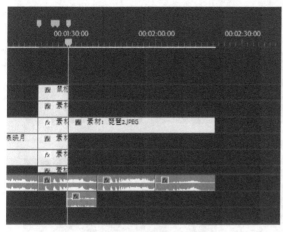

图2-11-36　加入图片和音频

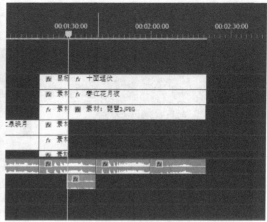

图2-11-37　加入字幕文件

6. 修改背景音乐音量

1）双击打开音频轨1，选择第一段音频"听松.mp3"，单击拖动音频轨上中间的横线，往下拉可以调整音量大小。也可以在"效果控件"面板中的"级别"中修改数值。

> **Tips**
>
> 音量的单位是dB，也称"分贝"。在人耳的感知上，每增加3分贝，感觉声音就大了一倍。−∞（负无穷大）的数值表示静音。

2）将背景音乐"二胡：听松.mp3"和"琵琶：霸王卸甲.mp3"的音量级别，分别调整到"−10dB"，如图2-11-38所示。

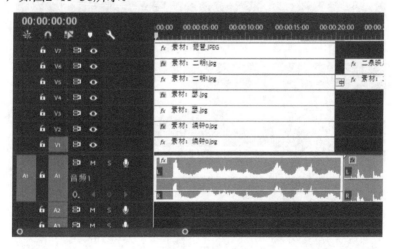

图2-11-38　降低音量

3）选择"二胡：二泉映月"的音频，在音乐开始的00:00:38:00处，单击音频轨前面的"关键帧"按钮添加关键帧。

在音乐开始及结束前后4 s，即00:00:42:00及00:00:54:13处以及结束的节点00:00:58:13处分别添加关键帧，如图2-11-39所示。

4）上下移动节点，制作渐入渐出的声音效果：

151

拖动第1个及第4个关键帧至最底部-∞（静音），另外两个关键帧不变，如图2-11-40所示。

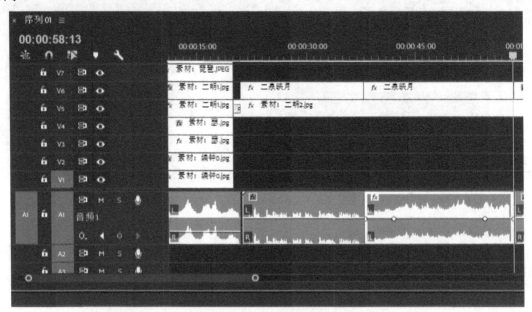

图2-11-39　添加关键帧

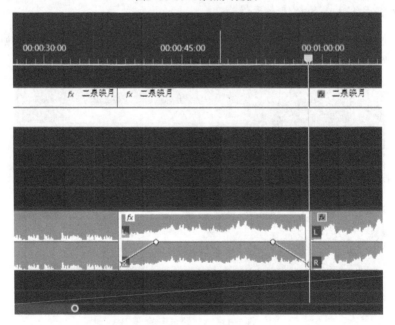

图2-11-40　渐入渐出效果

5）使用同样的方法，为其他三个名曲音频添加渐入渐出效果。

7. 渲染导出视频

执行"文件"→"导出"→"媒体"命令，输入文件名为"传统乐器"，设置存储路径，单击"导出"按钮导出视频。

◆　课后练习

　　配音是一门语言艺术，是配音演员们用自己的声音和语言在幕后、话筒前进行塑造和完善各种活生生的、性格色彩鲜明的人物形象的一项创造性工作。请挑选一段自己喜欢的电视片段，时间约3min即可，根据台词为电视片段里面的人物配音，注意保持音量一致，并加入字幕。

◆　归纳总结

　　1）画面与音频相对应，应尽可能精确。

　　2）音量的变化可以通过关键帧进行微调。

　　3）可以在音频段落中添加渐入渐出效果。

　　4）音量的单位是dB，也称为分贝。在人耳的感知上，每增加3dB就会感觉声音大了一倍。在软件中−∞（负无穷大）的数值表示静音。

案例12 音乐欣赏
——音频特效应用

◆ 学习指导

通过音乐赏析的视频制作，让大家了解Premiere音频效果的创建方法，并依据实际需要录制音频，提高音频质量。

◆ 案例描述

学校最近举办了一次大型的歌唱比赛，现场表演精彩纷呈。你是摄影社的一员，在比赛当天录制了一首与众不同的西班牙语歌曲，想制作一个小短片，加入各种音效，展现出这首以优美人声为主的歌曲，并对这种特殊的歌曲进行介绍科普。

◆ 案例分析

1）在歌唱比赛当天录制，可能有一些杂音需要处理。

2）不同音效切换普通人难以区分，需要加入简单的字幕提醒。

3）自己录制音频时，也要注意防止带有回音，提高音频质量。

◆ 效果预览

效果如图2-12-1～图2-12-6所示。

 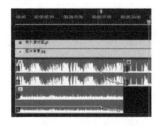 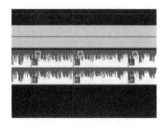

图2-12-1　基础音乐　　　　　图2-12-2　声道变换　　　　　图2-12-3　室内混响

 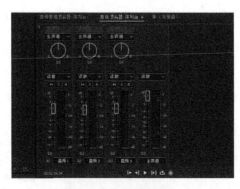 

图2-12-4　降噪　　　　　图2-12-5　录音防回音　　　　　图2-12-6　结束图

◆ 操作步骤

1. 素材拼接

1）为了方便调整参数，可先调整面板位置。

在"工作区"面板，选择"音频"选项，将里面的"效果控件"面板，如图2-12-7所示，拖动到左侧工作区，如图2-12-8所示。

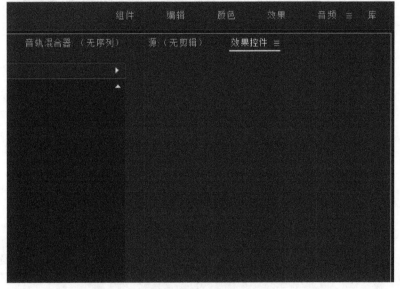

图2-12-7 音频区

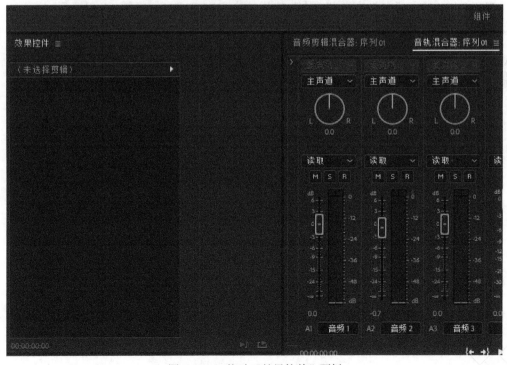

图2-12-8 拖动"效果控件"面板

2）回到"编辑"工作区，新建"序列01"，导入所有音乐及图片素材。

3）将"纯音乐-小鸟叫"拖入视频轨1，将"纯音乐-大自然流水声"拖入视频轨2，并用"剃刀"工具将多余部分裁剪删除，如图2-12-9所示。

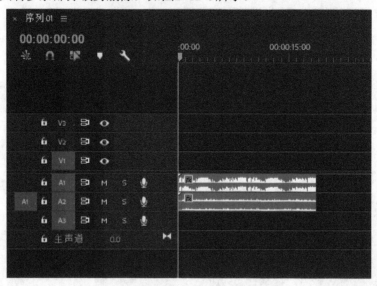

图2-12-9　拖入素材

4）选择音频轨1的素材，在"效果控件"面板中的"声道音量"，添加关键帧。

在00:00:00:00处"左"声道为"5.0dB"，"右"声道为"-287.5dB"（无声），如图2-12-10所示。

在00:00:09:00处"左"声道和"右"声道均为"0.0dB"，如图2-12-11所示。

在00:00:18:21处"左"声道为"-287.5dB"（无声），"右"声道为"5.0dB"。

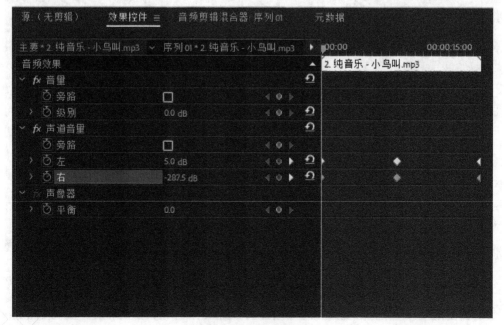

图2-12-10　音频关键帧

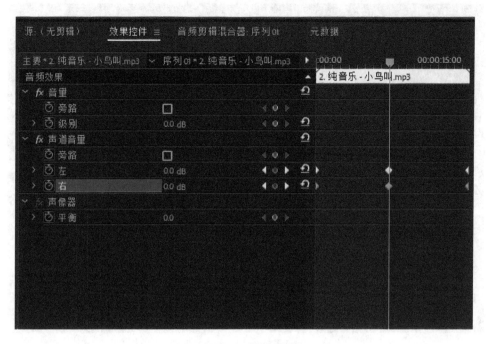

图2-12-11　音频关键帧

5）选择音频轨1的素材，在"效果控件"面板中的"声像器"，添加关键帧。

在00:00:00:00处"平衡"的值为"−100.0"。

在00:00:09:00处"平衡"的值为"0.0"，如图2-12-12所示。

在00:00:18:21处"平衡"的值为"100.0"，如图2-12-13所示。

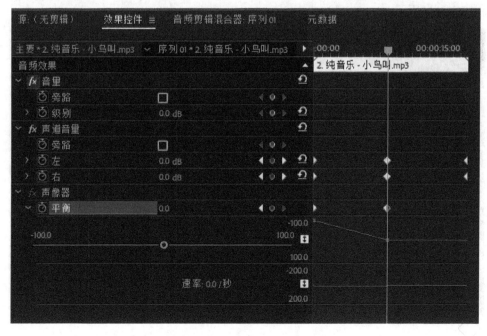

图2-12-12　"平衡"的值为"0.0"

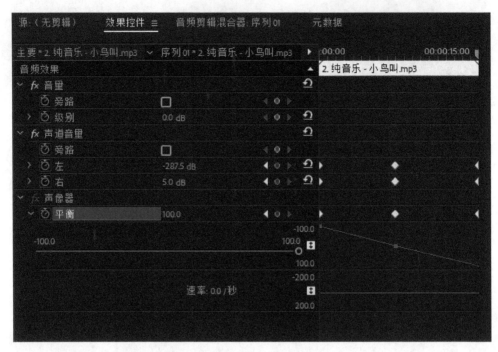

图2-12-13 "平衡"值为"100.0"

6）选择音频轨2上面的流水声素材，打开"效果控件"面板中的"音量"选项，将音量"级别"改为"-5.0dB"，如图2-12-14所示。

在00:00:00:00、00:00:04:00、00:00:14:00、00:00:18:18四个时间点加入音量"级别"的关键帧。将前后两个关键帧的数值调整为"-∞"，其余两个音量"级别"保持为"-5.0dB"不变，如图2-12-15所示。

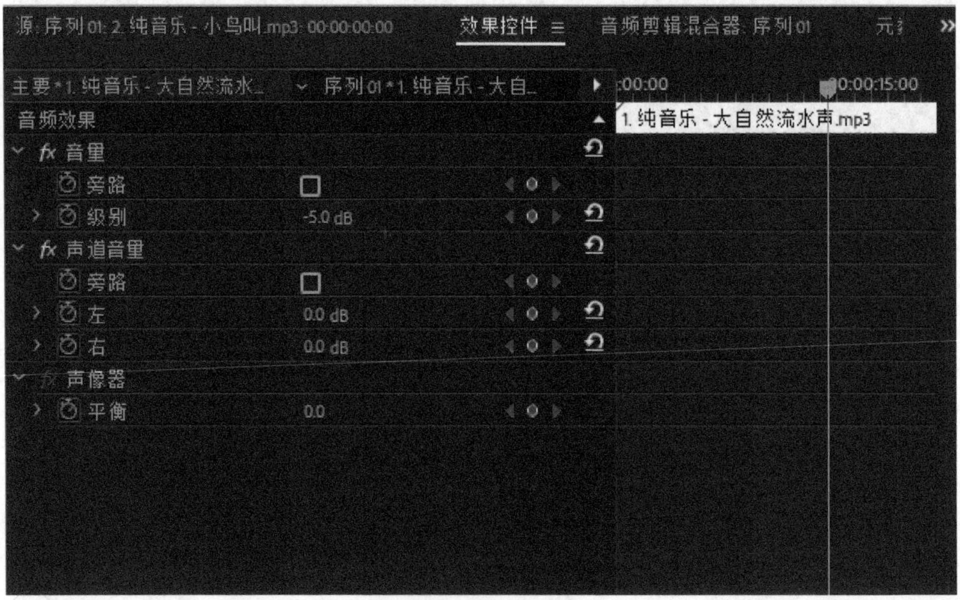

图2-12-14 修改音量

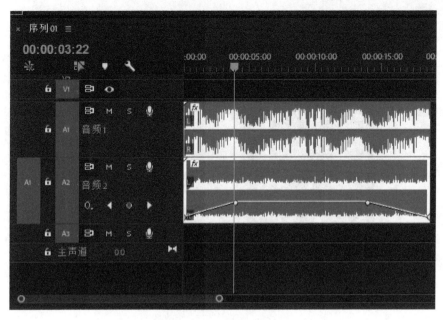

图2-12-15 添加关键帧

在00:00:04:00处的关键帧上单击鼠标右键，在弹出的快捷菜单中，执行"缓入"命令，如图2-12-16所示。出现一条贝塞尔曲线，可拖拉前后两个箭头调整曲线，使其平滑，使声音的渐入更为柔和平缓，如图2-12-17所示。

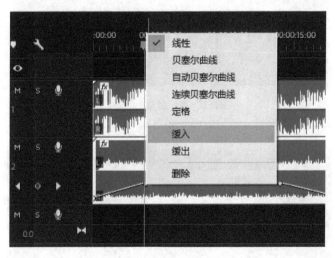

图2-12-16 缓入

在下一关键帧上单击鼠标右键，在弹出的快捷菜单中，执行"缓出"命令，同样使用贝塞尔曲线调整声音柔和自然的淡出。

7）在音频轨1上，导入"人声音乐.mp3"。由于其带有部分白噪音，可在"效果"面板上搜索"降噪"，将"自适应降噪"的效果拖到音频轨1素材上。

在"效果控件"面板中选择"自适应降噪"的编辑器，如图2-12-18所示，在"预设"下拉列表中，选择"强降噪"，并勾选"高品质模式（较慢）"复选框，如图2-12-19所示。

图2-12-17　修改曲线

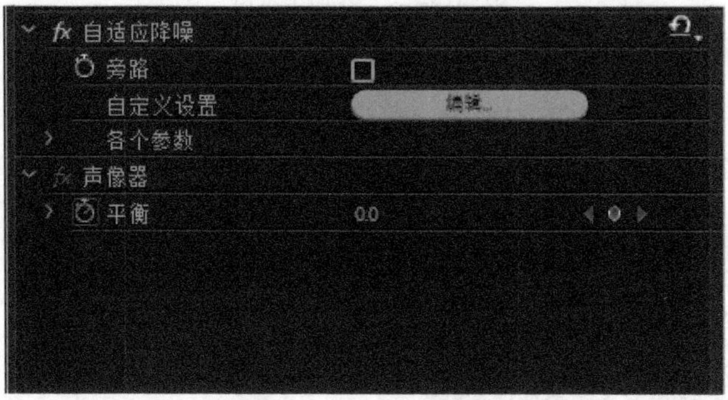

图2-12-18　自适应降噪

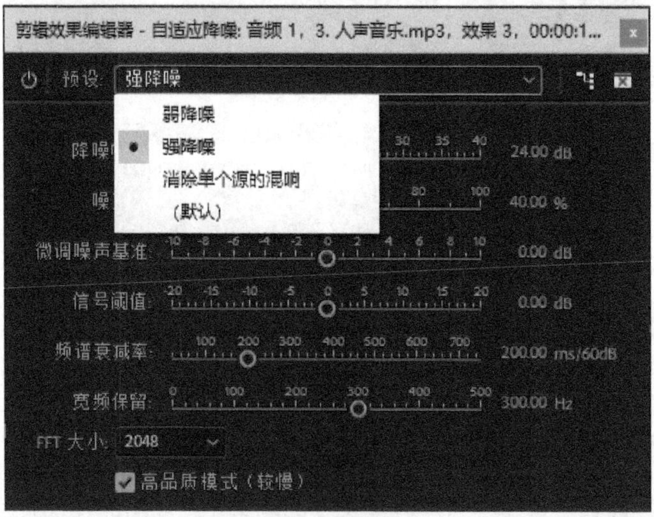

图2-12-19　强降噪

2. 室内混响

1）使用"剃刀"工具，分别在00:00:18:17、00:00:53:17、00:01:28:17、00:02:03:15以及00:02:38:15处切割音频。每一段音频将单独使用一种"室内混响"音效。

2）打开"效果"面板，搜索"室内混响"，在"效果控件"面板中单击"fx室内混响"右边的"编辑"按钮，如图2-12-20所示。

在弹出的"剪辑效果编辑器"对话框中，利用"预设"下拉列表，可以对当前的素材添加混响效果，如图2-12-21所示。

图2-12-20　室内混响

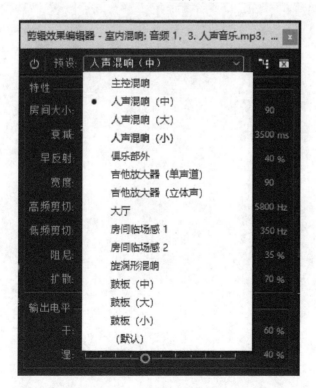

图2-12-21　"剪辑效果编辑器"对话框

3）根据顺序为各个"人声音乐"的素材分别添加"人声混响（中）""俱乐部外""吉他放大器（立体声）""大厅""房间临场感1"5个效果。

3. 录音

1）将音频轨1前面的M键勾选，使得该音轨静音，不影响录音，如图2-12-22所示。

2）打开"音轨混合器"，将音频轨2的音量调至最小静音，如图2-12-23所示，可以有效防止出现回音。

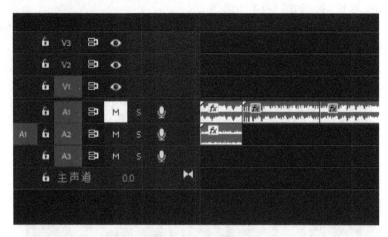

图2-12-22　音频轨1静音

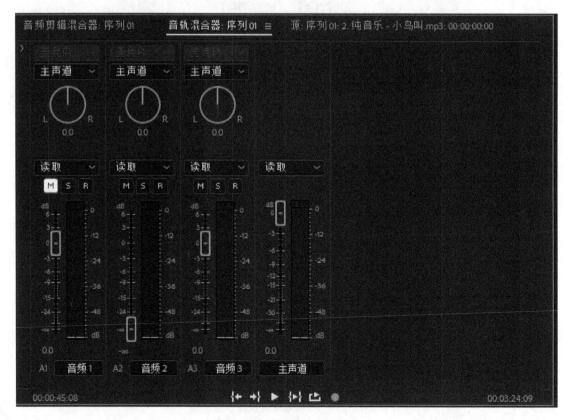

图2-12-23　音频轨2音量最小

3）单击音频轨2前面的"麦克风"标志，如图2-12-24所示，倒计时3s开始录音，可根据素材包里面的"录音文本.txt"阅读。阅读完毕后，再单击"麦克风"按钮，立刻停止录音，在对应的轨道上自动生成一段音频。

图2-12-24　开始录音

刚录制完成需要重播确认时，不要忘了在"音轨混合器"处打开音频轨2的音量，如果需要听到总体效果，则还需要取消音频轨1的静音状态，如图2-12-25所示。

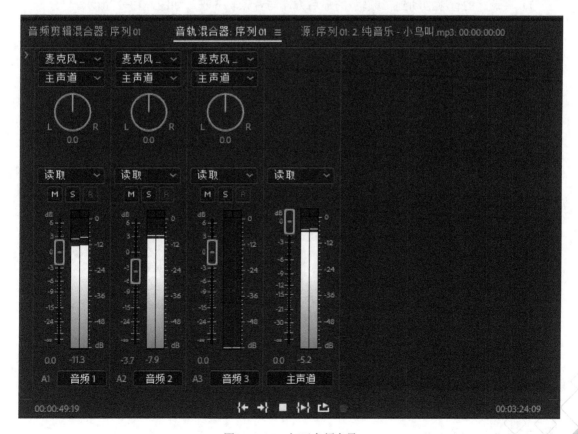

图2-12-25　打开音频音量

4）在"效果"面板中搜索"消除"，找到"消除齿音"与"消除嘶嘶声"选项，如图2-12-26所示，分别添加至刚才的录音中，若有录错或多余的部分，则可以用"剃刀"工具微调。

图2-12-26　消除嘶嘶声

5）将录好的音频拖动到音频轨2的最后方，与音频轨齐平，如图2-12-27所示。

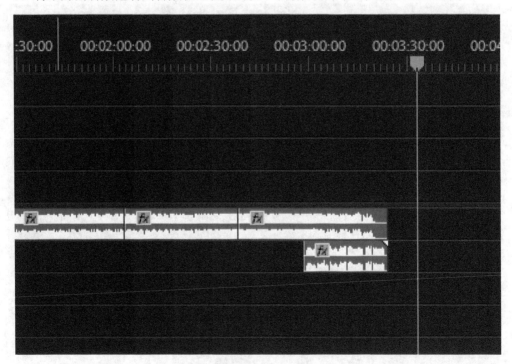

图2-12-27　放置于合适的位置

6）选择音频轨1上的最后一段"人声音乐"，在最后20s添加关键帧，制作"缓出"效果，如图2-12-28所示。

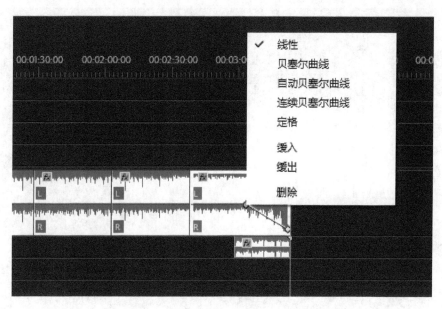

图2-12-28 缓出

4. 添加视频效果

1）在视频轴1拖入素材"图片背景.jpg"，在视频轴2拖入素材"喇叭素材图.gif"，填满整个音频的时长。

2）在"效果"面板，使用"颜色键"为素材"喇叭素材图.gif"抠图，如图2-12-29所示。

图2-12-29 颜色键抠图

3）新建"旧版标题"，生成字幕文件，用"圆角矩形工具"画框，输入文本"左声道→右声道"，"字体"为"Adobe黑体Std"，"字体颜色"为"黑色"，圆角矩形的填充"颜色"为"白色"，两者的"不透明度"均为"100.0%"，如图2-12-30所示。

复制多个字幕文件，文本分别改为"人声混响""俱乐部外""吉他放大器""演奏厅"和"房间临场感"5个文件，放在页面四周，如图2-12-31所示。

图2-12-30　添加字幕文件

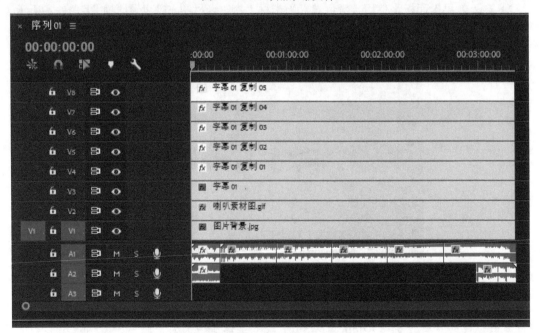

图2-12-31　添加各个音效字幕

4）添加关键帧，如图2-12-32所示。

在00:00:00:00～00:00:18:17时间段内，在"左声道→右声道"字幕文件上添加关键帧，

"不透明度"为"100%"，其他字幕"不透明度"为"30%"。

在00:00:18:18～00:00:53:14时间段内，在"人声混响"字幕文件上，添加关键帧，"不透明度"为"100%"，其他字幕的"不透明度"为"30%"。

在00:00:53:15～00:01:28:15时间段内，在"俱乐部外"字幕文件上，添加关键帧，"不透明度"为"100%"，其他字幕的"不透明度"为"30%"。

在00:01:28:16～00:02:03:09时间段内，在"吉他放大器"字幕文件上，添加关键帧，"不透明度"为"100%"，其他字幕的"不透明度"为"30%"。

在00:02:03:10～00:02:38:02时间段内，在"演奏厅"字幕文件上，添加关键帧，"不透明度"为"100%"，其他字幕的"不透明度"为"30%"。

在00:02:38:03～00:02:58:11时间段内，在"房间临场感"字幕文件上，添加关键帧，"不透明度"为"100%"，其他字幕的"不透明度"为"30%"。

图2-12-32　添加不透明度关键帧

5．渲染导出视频

执行"文件"→"导出"→"媒体"命令，输入文件名为"恭贺新年"，设置存储路径，单击"导出"按钮导出视频。

Tips

导出视频前，检查音频轨是否设置了静音，如果设置了静音则需要先取消再导出。

◆　课后练习

现在歌唱类节目非常热门，请在各种歌唱节目中挑选出嗓音比较特别（如特别高音或特别低音）的歌手的歌曲放进Premiere软件中，查看他们的音调，试着给他们变换歌曲的音调音量风格，可能会有意想不到的效果。

◆　归纳总结

1）对于直接录制或转录的素材，通常需要进行自适应降噪。

2）室内混响的效果切换可以模拟出对应环境的音效。

3）自己录制音频时，需要先降低轨道音量，以减少回音。

综合篇

综合案例1 动物世界

◆ 学习指导

通过动物世界视频的制作，让大家综合运用Premiere进一步掌握视频制作过程中对素材的处理方法，添加转场、文字和图形，利用关键帧制作需要的运动状态，并依据情境配合适当的音乐。

◆ 案例描述

在自然界中有许多形态各异、千奇百怪的动物，它们有着不同的形态特点和生活习性，或可爱，或勇猛，相信你对很多动物已经很熟悉了，不妨制作一个动物知识普及视频，教会更多的读者吧！

◆ 案例分析

1）不同的动物有着迥异的形态特征，可以利用"辨识轮廓"环节让大家加深印象。

2）为了提高趣味性，不同的环节应有不同的音效区分。

3）除了静态图片外，生动的视频展示也会更加加深大家的印象。

◆ 效果预览

效果如图3-1-1～图3-1-6所示。

图3-1-1　制作各动物选项

图3-1-2　制作选择效果

图3-1-3　制作配对效果

图3-1-4　错误效果

图3-1-5　正确效果

图3-1-6　视频播放

◆　操作步骤

1.素材准备

1）为了使本案例中动物的运动情况更加自然，在开始制作整个视频前，应使用Photoshop等软件对素材进行去背景处理，如图3-1-7所示。

图3-1-7　素材去背景处理

2）执行"文件"→"导入"命令，选择本案例的全部素材并导入。由于图片是PSD单图层格式，所以在导入时将弹出"导入分层文件"对话框，采取默认设置，单击"确定"按钮导入素材，如图3-1-8和图3-1-9所示。

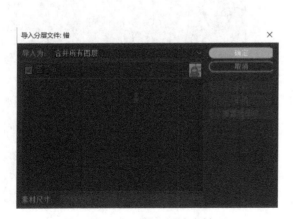

图3-1-8　导入图片素材

图3-1-9　导入素材箱

3）将"背景图片.jpg"拖动至视频轨1中，单击视频轨中的"背景图片.jpg"右侧，将其拖动至00:00:38:16处。由于该素材颜色偏暗，不适合本案例场景，所以需要对素材进行颜色校正。选中视频轨中的"背景图片.jpg"，在"Lumetri颜色"面板中，设置"色温"为"100.0"，勾选"色调"复选框，设置"曝光"为"3.4"，"高光"为"100.0"，"阴影"为"85.8"，"白色"为"73.5"，其他采取默认设置，如图3-1-10所示，调整"RGB曲线"和"色相饱和度曲线"，如图3-1-11所示。为了防止后续误操作，可直接选中视频轨1前的"锁定"按钮。

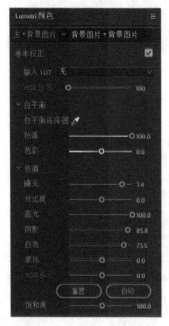

图3-1-10　颜色参数设置1

图3-1-11　颜色参数设置2

2. 制作选项

1）在轨道上方的空白区域单击鼠标右键，在弹出的快捷菜单中选择"添加轨道"命令，如图3-1-12所示。在"添加轨道"对话框中设置"添加"视频轨道的数量为8条，单击"确定"按钮，如图3-1-13所示。

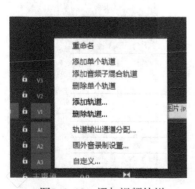

图3-1-12　添加视频轨道

图3-1-13　添加8条视频轨

2）将素材箱中的"猴子.psd"素材直接拖动到视频轨8中，延长播放时间至00:00:38:16处，选中该素材，在"效果控件"面板中设置其"位置"为"X:-154.0、Y:206.8"，"缩放"为"55.0"，参数设置如图3-1-14所示。在视频开始处，打开"位置"前的"关键帧"开关，在00:00:01:00处设置"位置"关键帧为"X:197.4、Y:196.3"，如图3-1-15所示。

图3-1-14 素材参数设置　　　　　　　　图3-1-15 关键帧设置

3）为了让"猴子.psd"图片显得更加立体，在"效果"面板中，选择"视频特效"→"透视"→"投影"效果，将其拖拽至视频轨8中的"猴子.psd"素材上，修改"效果控件"面板中的投影"不透明度"为"81%"，"方向"为"135.0°"，"距离"为"15.0"，参数设置如图3-1-16所示。

图3-1-16 "投影"参数设置

4）将素材箱中的"老虎.psd"图片素材直接拖动到视频轨9中，延长播放时间至00:00:38:16处，选中该素材，在"效果控件"面板中设置其"位置"为"X:-154.0、Y:540.0"，"缩放"为"54.0"。在视频开始处，打开"位置"前的"关键帧"开关，在00:00:01:00处设置"位置"关键帧为"X:199.0、Y:540.0"。为"老虎.psd"图片添加投影，可参照"猴子.psd"图片投影操作，也可以采取复制粘贴"猴子.psd"投影操作，更加简洁。选中视频轨中的"猴子.psd"图片，在其"效果控件"面板中单击"fx投影" ，按<Ctrl+C>组合键，再选中视频轨中的"老虎.psd"图片，在其"效果控件"面板中空白区域按<Ctrl+V>组合键，"老虎.psd"图片会自动呈现与"猴子.psd"图片相同的投影效果。

5）将素材箱中的"熊猫.psd"素材直接拖动到视频轨10中，延长播放时间至00:00:38:16处，选中该素材，在"效果控件"面板中设置其"位置"为"X:-154.0、Y:872.0"，"缩放"为"33.0"。在视频开始处，打开"位置"前的"关键帧"开关，在00:00:01:00处设置"位置"关键帧为"X:198.0、Y: 872.0"。复制"猴子.psd"图片投影效果，粘贴在"熊猫.psd"图片的"效果控件"面板空白区域中。

173

6）将素材箱中的"孔雀.psd"素材直接拖动到视频轨11中，延长播放时间至00:00:38:16处，选中该素材，在"效果控件"面板中设置其"位置"为"X:2084.0、Y:205.0"，"缩放"为"40.0"。在视频开始处，打开"位置"前的"关键帧"开关 ，在00:00:01:00处设置"位置"关键帧为"X:1721.0、Y:206.0"。复制"猴子.psd"图片投影效果，粘贴在"孔雀.psd"图片的"效果控件"面板空白区域中。

7）将素材箱中的"狮子.psd"素材直接拖动到视频轨12中，延长播放时间至00:00:38:16处，选中该素材，在"效果控件"面板中设置其"位置"为"X:2084.0、Y:540.0"，"缩放"为"29.0"。在视频开始处打开位置前的关键帧开关 ，在00:00:01:00处设置"位置"关键帧为"X:1731.0、Y:540.0"。复制"猴子.psd"图片投影效果，粘贴在"狮子.psd"图片的"效果控件"面板空白区域中。

8）同理，将素材箱中的"鲨鱼.psd"素材直接拖动到视频轨13中，延长播放时间至00:00:38:16处，选中该素材，在"效果控件"面板中设置其"位置"为"X:2059.0、Y:859.0"，"缩放"为"22.0"。在视频开始处，打开"位置"前的关键帧开关 ，在00:00:01:00处设置"位置"关键帧为"X:1730.0、Y:859.0"。复制"猴子.psd"图片投影效果，粘贴在"鲨鱼.psd"图片的"效果控件"面板空白区域中。完成效果如图3-1-17和图3-1-18所示。

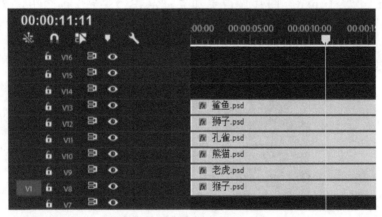

图3-1-17　视频轨完成效果

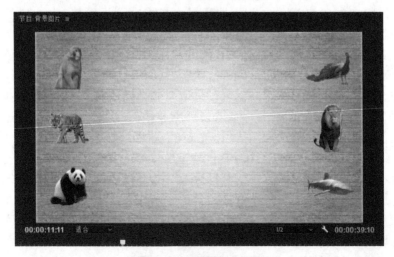

图3-1-18　视频完成效果

9）执行"文件"→"新建"→"旧版标题"命令，打开"新建字幕"对话框，将该新字幕的"名称"设置为"圆圈背景"，其他参数采取默认设置，单击"确定"按钮，如图3-1-19所示。

10）在"字幕"对话框中，选择左侧工具栏中的"椭圆工具" ，按住<Shift>键在绘图区域左上方"猴子.psd"素材上绘制一个正圆，如图3-1-20所示。设置右侧标题属性，勾选"填充"复选框，设置"填充类型"为"实底"，填充"颜色"为"橘色（R：239，G：79，B：55）"，添加"内描边"，"类型"为"边缘"，"大小"为"12.0"，"填充类型"为"实底"，"颜色"为"白色"。

图3-1-19 "新建字幕"对话框

图3-1-20 新建圆圈背景

11）关闭"字幕"对话框，在开始处将素材箱中的"圆圈背景"素材拖拽至视频轨2中，延长播放时间至00:00:38:16处，适当调整"效果控件"面板中的"位置"和"缩放"参数，使其刚好在"猴子.psd"素材正下方位置，大小略大于"猴子.psd"素材，如图3-1-21所示。

图3-1-21 设置"圆圈背景"素材位置大小

12）选中视频轨2中的"圆圈背景"素材，按住<Alt>键拖动该素材至视频轨3中，复制后的"圆圈背景"将保留原素材的所有参数，如图3-1-22所示。

图3-1-22 复制后的"圆圈素材"

13）双击视频轨3中的"圆圈背景 复制 01"素材，在弹出的"字幕"对话框中，修改

175

其填充"颜色"为"浅黄色（R：219，G：242，B：82）"，其他参数采用默认设置，如图3-1-23所示。在"效果控件"面板中，修改其"位置"的Y坐标，使其刚好在"老虎.psd"素材的正下方，如图3-1-24所示。

14）选中视频轨3中的"圆圈背景 复制 01"素材，按住<Alt>键拖动该素材至视频轨4中，双击该素材，在弹出的"字幕"对话框中，修改其填充"颜色"为"浅蓝色（R：56，G：231，B：233）"，其他采取默认设置。在"效果控件"面板中，修改其"位置"的Y坐标，使其刚好在"熊猫.psd"素材的正下方。

15）选中视频轨4中的"圆圈背景 复制 02"素材，按住<Alt>键拖动该素材至视频轨5中，双击该素材，在弹出的"字幕"对话框中，修改其填充"颜色"为"浅粉色（R：248，G：126，B：194）"，其他参数采用默认设置。在"效果控件"面板中，修改其"位置"的X坐标，使其刚好在"鲨鱼.psd"素材的正下方。

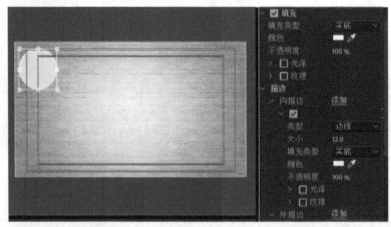

图3-1-23　修改"圆圈背景 复制01"的填充颜色

图3-1-24　修改"圆圈背景 复制01"的位置

16）选中视频轨5中的"圆圈背景 复制 03"素材，按住<Alt>键拖动该素材至视频轨6中，双击该素材，在弹出的"字幕"对话框中，修改其填充"颜色"为"浅紫色（R：181，G：88，B：244）"，其他参数采用默认设置。在"效果控件"面板中，修改其"位置"的Y坐标，使其刚好在"狮子.psd"素材的正下方。

17）选中视频轨6中的"圆圈背景 复制 04"素材，按住<Alt>键拖动该素材至视频轨7中，双击该素材，在弹出的"字幕"对话框中，修改其填充"颜色"为"浅绿色（R：146，G：238，B：84）"，其他采取默认设置。在"效果控件"面板中，修改其"位置"的Y坐标，使其刚好在"孔雀.psd"素材的正下方。完成效果如图3-1-25和图3-1-26所示。

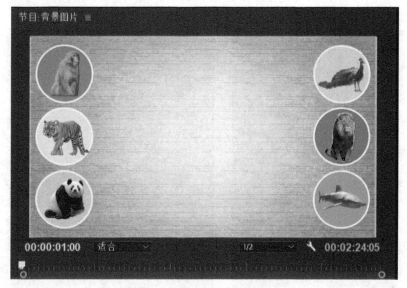

图3-1-25 视频轨完成效果

图3-1-26 视频完成效果

3．制作多种动物出场环节

1）选中视频轨2中"圆圈背景"素材，在00:00:01:00处"效果控件"面板中打开"位置"前的"关键帧"开关，在视频开始处减小"位置"的X坐标值，使该素材刚好移出屏幕为止。

2）选中视频轨3中"圆圈背景 复制 01"素材，在00:00:01:00处"效果控件"面板中打开"位置"前的"关键帧"开关，在视频开始处减小"位置"的X坐标值，使该素材刚好移出屏幕为止。

3）选中视频轨4中"圆圈背景 复制 02"素材，在00:00:01:00处"效果控件"面板中打开"位置"前的"关键帧"开关，在视频开始处减小"位置"的X坐标值，使该素材刚好移出屏幕为止。

4）选中视频轨5中"圆圈背景 复制 03"素材，在00:00:01:00处"效果控件"面板中打开"位置"前的"关键帧"开关，在视频开始处增大"位置"的X坐标值，使该素材刚好移出屏幕为止。

5）选中视频轨6中"圆圈背景 复制 04"素材，在00:00:01:00处"效果控件"面板中打开"位置"前的"关键帧"开关，在视频开始处增大"位置"的X坐标值，使该素材刚好移出屏幕为止。

177

6）选中视频轨7中"圆圈背景 复制 05"素材，在00:00:01:00处"效果控件"面板中打开"位置"前的"关键帧"开关 ，在视频开始处增大"位置"的X坐标值，使该素材刚好移出屏幕为止。

4．制作动物配对环节

1）将时针指示器调至00:00:02:10处，拖拽 "猴子.psd"图片素材至视频轨14中，延长播放时间至00:00:38:16，设置其"效果控件"面板中的"位置"为"X:935.0、Y: 540.0"，"缩放"为"0.0"，"旋转"为"0.0°"，为该素材在"效果"面板中添加"视频效果"→"颜色校正"→"亮度与对比度"特效，设置"亮度"为"-100.0"，"对比度"为"-100.0"，如图3-1-27所示。

2）将时针指示器调至00:00:03:10处，打开"缩放"和"旋转"选项前"关键帧"开关，分别设置"缩放"关键帧为"172.0"，"旋转"关键帧为"2×0.0°"，如图3-1-28所示。

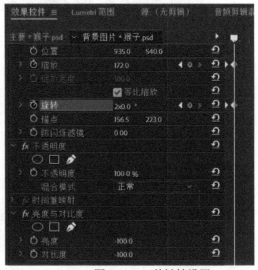

图3-1-27 "猴子.psd"素材"效果"控件参数设置　　　　图3-1-28 关键帧设置

3）将时针指示器调至00:00:04:20处，拖拽"手.psd"图片素材至视频轨15中，延长播放时间至00:00:07:00处，设置"缩放"为"62.0"，在00:00:04:20处打开"位置"关键帧开关，设置"位置"关键帧为"X:1761.0、Y:1398.0"，在00:00:05:10处设置"位置"关键帧为"X:1771.0、Y:507.0"，在00:00:06:10处，添加"位置"关键帧 ，在00:00:06:24处设置"位置"关键帧为"X:1771.0、Y:1325.5"，如图3-1-29和图3-1-30所示。

图3-1-29 "手.psd"参数设置

4）为了制作出鼠标单击的效果，选中视频轨中的"孔雀.psd"素材，在00:00:05:20处打开"缩放"关键帧开关，设置"缩放"关键帧为"40.0"，在00:00:06:00处设置"缩放"关键帧为"35.0"，在00:00:06:05处设置"缩放"关键帧为"40.0"，如图3-1-31所示。

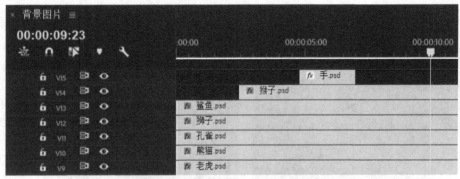

图3-1-30　"手.psd"素材视频轨设置

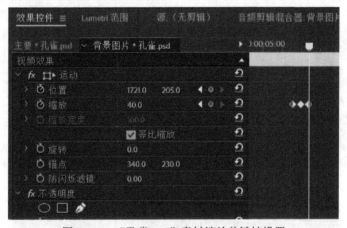

图3-1-31　"孔雀.psd"素材缩放关键帧设置

5）选中视频轨中的"圆圈背景 复制05"素材，在00:00:05:20处打开"缩放"关键帧开关，并添加"位置"关键帧，在00:00:06:05处分别添加"缩放"关键帧值和"位置"关键帧，在00:00:06:00处"缩放"关键帧值减少10，调节"位置"关键帧的值使该素材在原位置上缩小，如图3-1-32所示。

6）将素材箱中的"孔雀.psd"素材拖拽至视频轨15的"手"素材之后，延长该素材播放时间至00:00:13:00，选中该孔雀素材，在00:00:06:05处"效果控件"面板中打开"位置""缩放""旋转"选项前的"关键帧"开关，设置"位置"关键帧为"X:1721.0、Y:205.0"，"缩放"关键帧为"40.0"，"旋转"关键帧为"0.0°"，参数设置如图3-1-33所示。

图3-1-32　缩小"圆圈背景 复制05"素材大小

7）在00:00:08:00处修改"孔雀.psd"素材"位置"关键帧为"X:924.0、Y:487.0"，"缩放"关键帧为"171.0"，"旋转"关键帧为"1×4.0°"，参数设置如图3-1-34所示。

8）在00:00:10:00处将素材箱中的"错.psd"素材拖拽至视频轨16上，延长该素材的播放时间至00:00:13:00，为该素材添加视频过渡，在"效果"面板中选择"视频过渡"→"缩放"→"交叉缩放"过渡效果，直接将其应用至该素材起始阶段，如图3-1-35所示，在"效果控件"面板中其"位置"为"X:960.0、Y:540.0"，"缩放"为"259.0"，参数设置如图3-1-36所示。

图3-1-33 "孔雀.psd"素材参数设置1　　　图3-1-34 "孔雀.psd"素材参数设置2

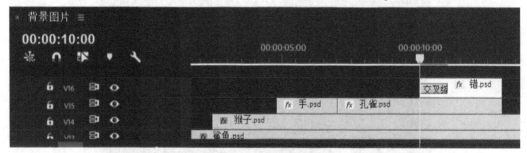

图3-1-35 添加视频过渡

图3-1-36 "错.psd"素材参数设置

9）按住<Alt>键，选中视频轨15上的"手.psd"素材，直接将其拖动至"孔雀.psd"素材之后复制该素材，如图3-1-37所示。

10）修改复制后"手.psd"素材的4个"位置"关键帧，分别为"X:237.0、Y:1398.0""X:237.0、Y:870.0""X:237.0、Y:870.0"和"X:237.0、Y:1398.0"，如图3-1-38所示。

11）制作鼠标单击效果。在00:00:13:17处为视频轨9中的"老虎.psd"素材添加"缩放"关键帧为"49.0"，在00:00:14:02处添加"缩放"关键帧为"36.0"，在00:00:14:11处添加"缩放"关键帧为"49.0"，如图3-1-39所示。

12）选中视频轨中的"圆圈背景 复制 01"素材，在00:00:13:17处打开"缩放"关键帧开关，并添加"位置"关键帧，在00:00:14:11处分别添加"缩放"关键帧值和"位置"

关键帧，在00:00:14:02处将"缩放"关键帧的值减少5，调节"位置"关键帧值使该素材在原位置上缩小，如图3-1-40所示。

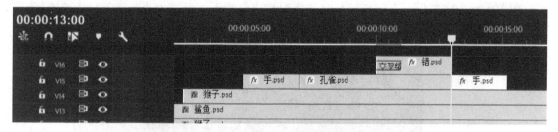

图3-1-37 复制"手.psd"素材

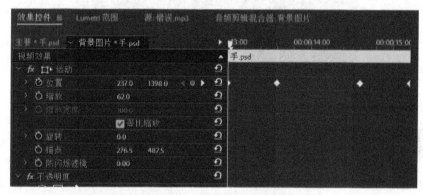

图3-1-38 修改"手.psd"素材的位置关键帧

图3-1-39 为"老虎"素材添加缩放关键帧

图3-1-40 缩小圆圈素材大小

13）将素材箱中的"老虎.psd"素材拖拽至视频轨15的"手.psd"素材之后，将其播放时间延长至00:00:21:05处，效果如图3-1-41所示。

图3-1-41 添加"老虎.psd"素材

181

14）在00:00:15:05处打开"老虎.psd"素材的"位置""缩放""旋转"选项前面的"关键帧"开关，设置"位置"关键帧为"X:199.0、Y:540.0"，"缩放"关键帧为"54.0"，"旋转"关键帧为"0.0°"，在00:00:16:05处修改其"位置"关键帧为"X:960.0、Y:540.0"，"缩放"关键帧为"197.0"，"旋转"关键帧为"1×1.0°"，如图3-1-42所示。

图3-1-42 "老虎.psd"素材参数设置

15）在00:00:18:05处按住<Alt>键，直接拖动视频轨16上的"错.psd"素材至此处，如图3-1-43所示。

16）按住<Alt>键，选中视频轨15上的"手.psd"素材，直接将其拖动至"老虎.psd"素材之后，复制该素材，如图3-1-44所示。修改复制后"手.psd"素材的4个位置关键帧，分别为"X:237.0、Y:1398.0""X:237.0、Y:508.0""X:237.0、Y:508.0""X:237.0、Y:1398.0"，如图3-1-45所示。

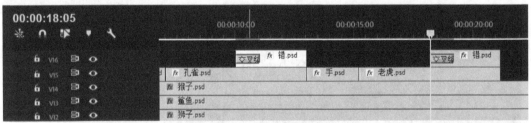

图3-1-43 "错.psd"素材放置位置

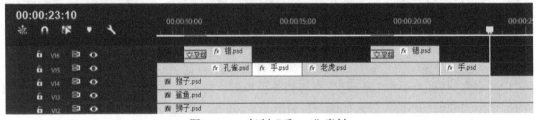

图3-1-44 复制"手.psd"素材

17）制作鼠标单击效果。在00:00:21:21处为视频轨8中的"猴子.psd"素材添加"缩放"关键帧为"55.0"，在00:00:22:06处添加"缩放"关键帧为"48.0"，在00:00:22:16处添加"缩放"关键帧为"55.0"，如图3-1-46所示。

18）选中视频轨中的"圆圈背景"素材，在00:00:21:21处，打开"缩放"关键帧开关并添加"位置"关键帧，在00:00:22:16处分别添加"缩放"关键帧和"位置"关键帧，在00:00:22:06处将"缩放"关键帧值减少10，调节"位置"关键帧值使该素材在原位置上缩小，如图3-1-47所示。

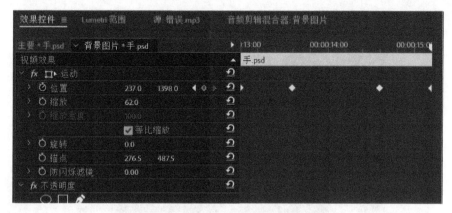

图3-1-45 修改"手"素材的位置关键帧

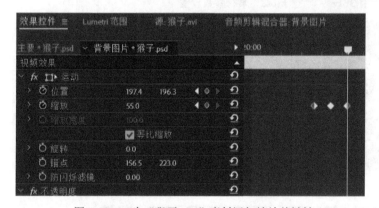

图3-1-46 为"猴子.psd"素材添加缩放关键帧

图3-1-47 调整圆圈素材大小

19）将素材箱中的"猴子.psd"素材拖拽至视频轨15的"手.psd"素材之后，将其播放时间延长至00:00:29:10处，效果如图3-1-48所示。

图3-1-48 添加"猴子.psd"素材

20）在00:00:23:10处打开"猴子.psd"素材的"位置""缩放""旋转"选项前面的"关键帧"开关，设置"位置"关键帧为"X:197.4、Y:196.3"，"缩放"关键帧为"54.0"，"旋转"关键帧为"1×0.0°"，在00:00:24:10处修改其"位置"关键帧为"X:935.0、Y:540.0"，"缩放"关键帧为"176.0"，"旋转"关键帧为"1×0.0°"，如图3-1-49所示。

21）在00:00:26:10处将素材箱中的"对.psd"素材拖拽至视频轨16上，延长该素材的播放时间至00:00:29:10处，并为素材添加视频过渡，在"效果"面板中选择"视频过渡"→"缩放"→"交叉缩放"过渡效果，直接将其应用至该素材起始阶段，如图3-1-50所示，在"效果控件"面板中设置"对.psd"图片素材的"位置"为"X:1138.0、Y:540.0"，"缩放"为"241.0"，参数设置如图3-1-51所示。

183

图3-1-49 "猴子.psd"素材参数设置

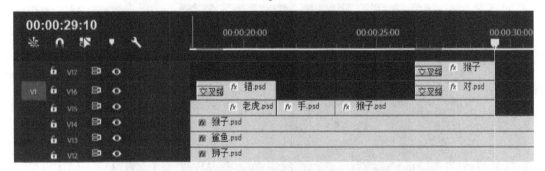

图3-1-50 添加视频过渡

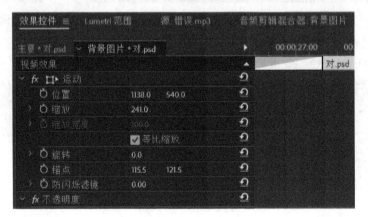

图3-1-51 "对.psd"素材参数设置

22）执行"文件"→"新建"→"旧版标题"命令，设置新建字幕的标题为"猴子"，其他采取默认设置，单击"确定"按钮，打开"新建字幕"对话框，单击左侧工具栏中的"文字工具" T，在绘制图区域下方添加文字"猴子"。设置右侧标题属性的"字体系列"为"华文新魏"，"字体大小"为"183.0"，勾选"填充"复选框，"填充类型"为"实底"，填充"颜色"为"红色"，添加"外描边"，"类型"为"边缘"，"大小"为"47.0"，描边的"填充类型"为"实底"，"颜色"为"白色"，设置阴影的"颜色"为"黑色"，"不透明度"为"53%"，"角度"为"135.0°"，其他采取默认设置，关闭"字幕"对话框，如图3-1-52所示。

23）在00:00:26:10处将素材箱中的"猴子"文字素材拖拽至视频轨17上，延长该素材的播放时间至00:00:29:10处，并为素材添加视频过渡，在"效果"面板中选择"视频过渡"→"缩放"→"交叉缩放"过渡效果，直接应用至该素材起始阶段。

24）双击素材箱中的"猴子.avi"素材，在"源"面板中，单击下方"播放"按钮，播放至00:00:45:00处，单击"标记入点"按钮，再播放至00:00:55:00处，单击"标记出点"按钮，选择好所需视频部分后，单击"覆盖"按钮，将其添加至视频轨15"猴子.psd"素材之后（单击视频轨16左侧锁定键前空白处，将该轨道设为V1主轨道，时间指示器指向00:00:29:10处）。在"效果控件"面板中设置其"缩放"为"200.0"，如图3-1-53和图3-1-54所示。

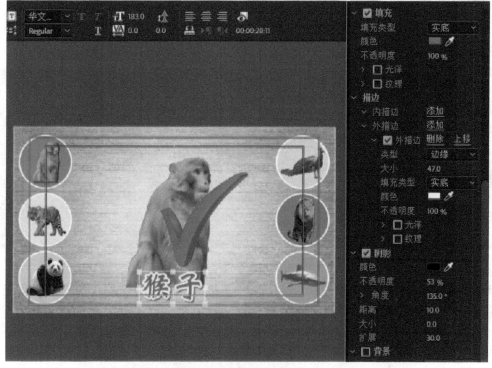

图3-1-52　添加文字"猴子"

图3-1-53　源视频剪辑

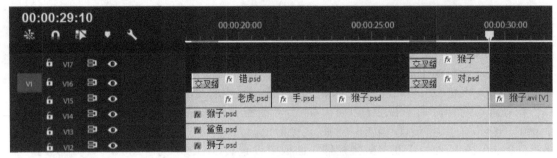

图3-1-54 插入"猴子.avi"视频素材

注意此处是"覆盖"按钮,如果使用"插入"按钮🔳,则会出现如图3-1-55所示的效果。

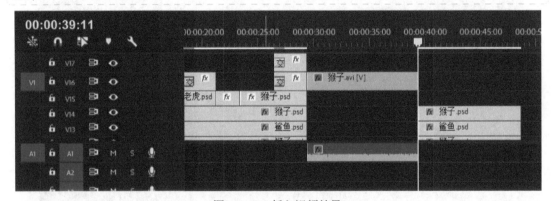

图3-1-55 插入视频效果

25)为了过渡自然,在该视频轨"猴子.psd"素材和"猴子.avi"素材间添加视频过渡,单击"效果"面板,选择"视频过渡"→"缩放"→"交叉缩放"过渡效果,如图3-1-56所示。在"猴子.avi"素材后添加"视频过渡"→"溶解"→"渐隐为黑色"过渡效果。

图3-1-56 添加视频过渡

5. 制作音效

1)为了整体音效风格的统一,选中音频轨1中的"猴子"音频,按<Delete>键删除。

2)将素材箱中的"背景音乐.mp4"素材拖拽至音频轨1中,在00:00:29:08处用工具箱中的"剃刀"工具🔪剪断,并在"效果控件"面板中取消音频效果中音量级别的关键帧,设置"级别"值为"-31.3dB",如图3-1-57所示。

图3-1-57 背景音乐音频效果设置

3）配合游戏识图环节，将"出现.mp3"音频拖动至00:00:02:09处，将"鼠标单击.mp3"音频拖动至00:00:05:15处，将"错误.mp3"音频拖动至00:00:10:07处，将"鼠标单击.mp3"音频拖动至00:00:13:15处，将"错误.mp3"音频拖动至00:00:18:15处，将"鼠标单击.mp3"音频拖动至00:00:21:21处，将"正确.mp3"音频拖动至00:00:26:19处，将"视频背景音乐.mp3"音频拖动至00:00:29:09处。

4）在00:00:39:10处用工具箱中的"剃刀"工具 将"视频背景音乐"剪断，并为其添加"音频过渡"→"交叉淡化"→"恒定增益"特效，效果如图3-1-58所示。

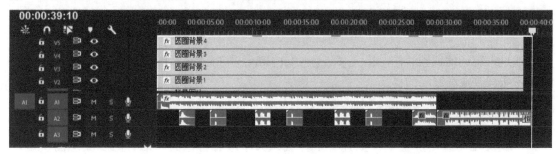

图3-1-58 音频轨完成效果

音频一定要配合游戏环节才有意义，注意顺序问题和故事的连贯性。

6. 渲染导出视频

执行"文件"→"导出"→"媒体"命令，输入文件名"动物世界"，设置存储路径，单击"导出"按钮导出视频。

◆　课后练习

本案例中只是制作了"猴子"这一个正确选项，但是作为一个识图游戏显得过于简单，需要设计师来完成剩余的"孔雀"选项部分。

素材已经准备好，在制作过程中应注意整体风格的统一，可以沿用"猴子"的选择模式来完成剩余部分。

◆　归纳总结

1）制作物体运动轨迹时应注意前后关键帧的位置和旋转变化，位置变化结束时，旋转变化也应同时结束。

2）任何一个物体都不是单独存在的，需要互相配合方能达到所需的整体效果。例如，鼠标单击选项环节，"手""圆圈"和"动物"三个素材应在同一时间放大或缩小。

3）音效应配合游戏环节设置，不能有时间偏差，否则会让参与者无法聚精会神。

4）背景音乐应该淡雅、音量小，不要喧宾夺主、抢夺关键音效的出场，否则将会得不偿失。

综合案例2 古诗词

◆ 学习指导

通过古诗词的视频制作，让大家了解After Effects与Premiere相互配合的方法，并依据情境及音频修改文字滚动的样式。

◆ 案例描述

中国文化悠久，产生了许多种文字体裁，其中最有特色的、语言高度凝练的便是诗歌。一首诗就像是一篇文章，甚至一本书，散发出一种难以抗拒的魅力。然而，现在网络上出现了一些对古诗词的"恶搞"视频。为了可以让更多人感受到古典文化的美，决定制作一个诗词欣赏视频。

◆ 案例分析

1）以"恶搞"视频与自己的优美视频前后对比，更有感染力。
2）根据视频内容增加相应的背景音乐，衬托意境。
3）Premiere和After Effects是一对好搭档，配合使用更方便高效。

◆ 效果预览

效果如图3-2-1～图3-2-6所示。

图3-2-1　使用After Effects脚本　　　图3-2-2　所有句子在一页　　　图3-2-3　错误词句消失

图3-2-4　正确诗句开始

图3-2-5　正确诗句结束

图3-2-6　诗句渐出特效

◆ 操作步骤

1. 使用AE脚本制作视频效果

1）复制"TypeMonkey.jsxbin"脚本文件，粘贴到After Effects软件安装的根目录下的"Support Files/Scripts"文件夹中，如图3-2-7所示。

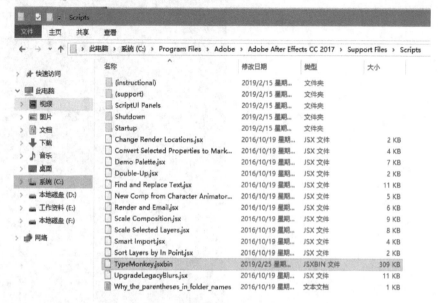

图3-2-7 复制脚本文件

2）打开After Effects软件（主要用于影视后期制作，能够做出复杂且流畅的2D和3D效果）。

3）新建项目，在左侧"项目"窗口的下方，单击"新建合成"![图标]按钮，弹出"合成设置"对话框，"宽度"为"1920px"，"高度"为"1080px"，其他参数设置不变，单击"确定"按钮，如图3-2-8所示。

图3-2-8 新建合成

4）执行"文件"→"脚本"→"TypeMonkey.jsxbin"命令，如图3-2-9所示。

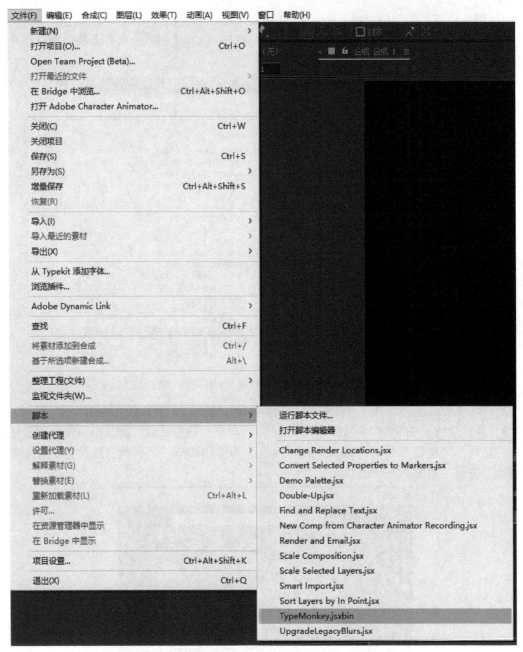

图3-2-9　执行脚本

Tips

　　由于每台计算机的默认设置可能不同，单击脚本文件"TypeMonkey.jsxbin"后，如果弹出"Script Alert"对话框，如图3-2-10所示，则单击"OK"按钮。

　　在弹出的"首选项"对话框中，勾选"允许脚本写入文件和访问网络"复选框，单击"确定"按钮，如图3-2-11所示。

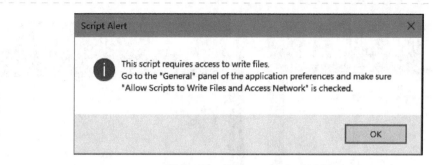

图3-2-10 "Script Alert"对话框

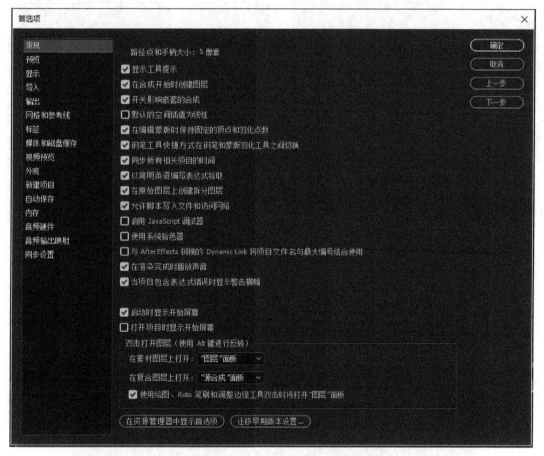

图3-2-11 "首选项"对话框

5）弹出"TypeMonkey"对话框，如图3-2-12所示。将素材包中的"字幕原文.txt"打开，将前8句排乱的古诗复制，粘贴到文本框中。

左下角的4个颜色框是动画中文字的颜色，由于背景是黑色的，建议选择明亮鲜艳一些的颜色作为字体颜色。

"Speed"数值（指弹出的动画转换速度）改为"Sloth"（很缓慢）。勾选"Motion Blur"（动感模糊）复选框。其他参数设置不变，单击"DO IT!"按钮，单击窗口右上角的"关闭"按钮退出，如图3-2-13所示。

图3-2-12　弹出TypeMonkey对话框　　　　　　　图3-2-13　修改数值

可按<Space>键播放及暂停，查看视频效果。

6）在左下角的"图层"面板，可以看到只有两个图层，如图3-2-14所示，实际上有大量的图层被隐藏起来了，能看到的是可控制的图层。

图3-2-14　图层面板

单击■隐藏按钮，解除图层的隐藏，如图3-2-15所示。

图3-2-15　解除图层隐藏

7）单击第4层左边的"锁定"按钮解除对该层的锁定，如图3-2-16所示。

双击选中第4层图层，在"合成"面板中双击文字，在右侧的"字符"面板中修改文字字体为"黑体"，如图3-2-17所示。回到"图层"面板，锁定第4层。将所有文字的字体都改成"黑体"。

图3-2-16　取消图层锁定

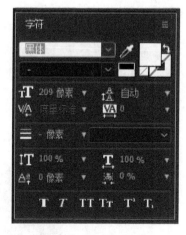

图3-2-17　修改文字字体

> **Tips**
>
> 每修改一个文本图层字体，时间轴也需要转到这个句子所在的点，否则无法选中文字，可以用<Space>键控制播放。

8）执行"文件"→"保存"命令，将文件保存为默认的".aep"文件。

打开Premiere软件，执行"文件"→"Adobe Dynamic Link"→"导入After Effects合成图像"命令，可以直接调用动态链接在Premiere软件中编辑。

Tips

有时"Adobe Dynamic Link"呈灰色显示无法生成动态链接的情况，可以在After Effects中直接渲染成avi格式的短片，再在Premiere软件中打开使用。

After Effects软件直接渲染成avi格式的方法是：

选择需要渲染的合成，执行"文件"→"导出"→"添加到渲染队列"命令，如图3-2-18所示。

在"渲染队列"窗口，单击"输出模块"旁边的三角形按钮，选择"AVI DV PAL 48kHz"格式，如图3-2-19所示。在"输出到"对话框中选择渲染后要存放的文件夹以及文件名，单击"渲染"按钮。

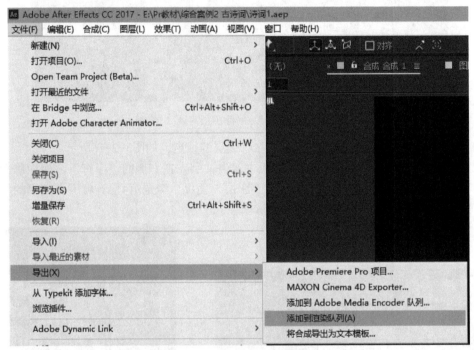

图3-2-18　添加到渲染队列中

图3-2-19　选择保存的文件格式

2. 将所有文字缩放到一页内

1）打开Premiere软件，新建项目及序列01，导入素材。

2）将用After Effects软件制作的合成动画拖入视频轨1，新建"旧版字幕"，按照合成动画里文字的样式做出8个字幕，如图3-2-20所示，分别堆叠在视频轨上，如图3-2-21所示。

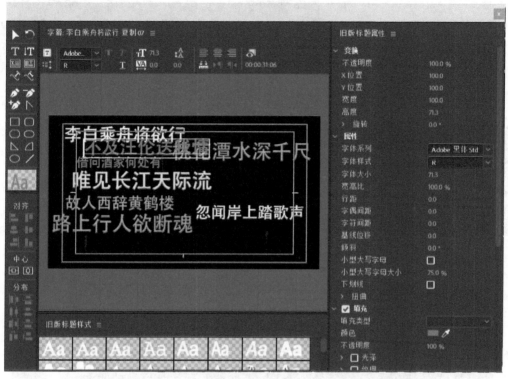

图3-2-20 字幕

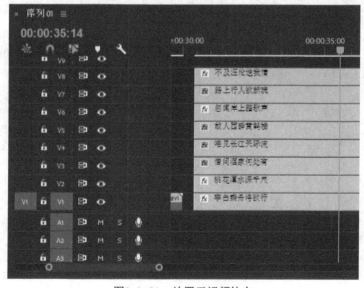

图3-2-21 放置于视频轨上

3）将字幕的播放时长改为8s，并把文字排列整齐，如图3-2-22所示。

4）在"效果"面板中，选择"视频效果"→"变换"→"裁剪"效果，将"裁剪"拖动到古诗字幕中。

5）在字幕的入点、出点以及中间分别打上标记，如图3-2-23所示。

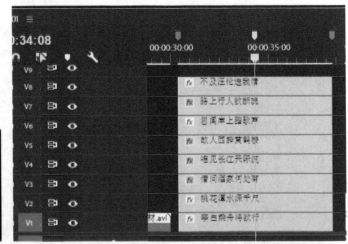

图3-2-22　调整文字位置　　　　　　　　　　　图3-2-23　标记

6）选择视频轨中的字幕素材，单击中间标记，在"效果控件"面板展开"裁剪"，在"右侧"新增关键帧，数值为"0.0%"。

单击字幕的"出点标记"，打下第2个关键帧，数值为"100%"，"羽化边缘"为"64"，如图3-2-24所示。

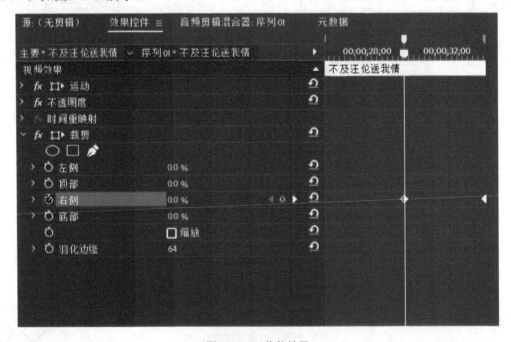

图3-2-24　裁剪效果

7）挑选出正确的句子保留（提示：这里可以完整组成一首诗，题目是《赠汪伦》，作者：李白），其他的不是同一首诗的句子都分别加上"裁剪"特效。

保留的4个字幕，效果如图3-2-25所示。

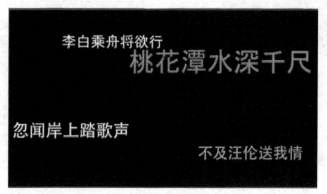

图3-2-25 保留部分

8）将After Effects软件制作的动画效果再次拖入视频轨1。单击鼠标右键，在弹出的快捷菜单中，执行"速度/持续时间"命令，如图3-2-26所示。

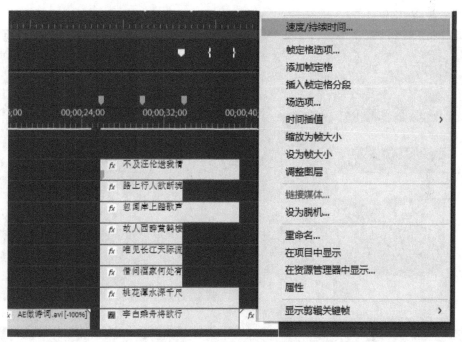

图3-2-26 速度/持续时间

在打开的"剪辑速度/持续时间"对话框中，将"持续时间"修改为00:00:04:00，勾选"倒放速度"复选框，单击"确认"按钮，如图3-2-27所示。

9）在将时间停在倒放视频的开头，使用工具栏中的"文字工具"，添加"倒带中…"等文字，"字体大小"为"50.0"，"字体系列"为"SimHei"，勾选"填充"复选框，设置填充的"颜色"为"白色"，摆放在页面右下角，时间为00:00:04:00，如图3-2-28所示。

197

图3-2-27 "剪辑速度/持续时间"对话框

图3-2-28 倒带

3. 整体诗句

1）将素材包中的"自然景观.mp4"拖入视频轨1中，可以与前面倒带的视频保持1s的距离，如图3-2-29所示。

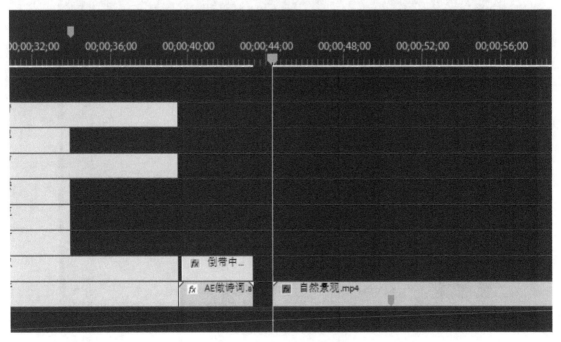

图3-2-29 插入视频背景

2）选择工具栏中的"垂直文字工具"，如图3-2-30所示。

3）在视频开始1s后的位置，在"节目"面板直接输入文字"李白乘舟将欲行，"，如图3-2-31所示。

在"效果控制"面板中，修改文字属性："字体系列"为"STKaiti"，填充的"颜色"为"白色"，"描边"的"颜色"为"白色"，"字体大小"根据画面比例而定，移动位置到页面右边，如图3-2-32所示。

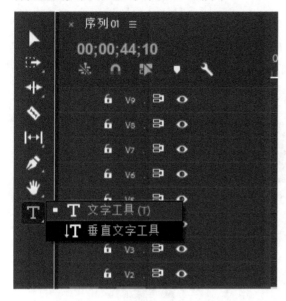

图3-2-30　垂直文字工具

图3-2-31　输入文字

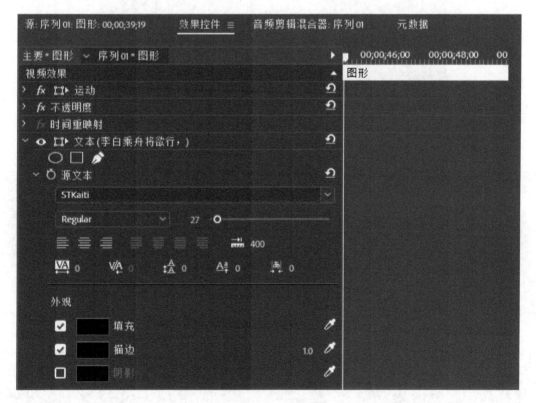

图3-2-32　文字属性

4）在视频轨中分别加入其他3个句子，时长修改如图3-2-33所示。在视频轨中添加作者与诗名，缩小字号，如图3-2-34所示。

图3-2-33　全诗

图3-2-34　加入作者与诗名

4. 音频的使用

1）将素材包中的"原音-古诗朗读.mp3"拖入音频轨1，如图3-2-35所示。

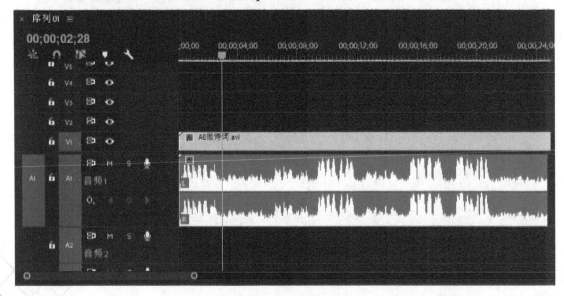

图3-2-35　拖入音频轨1

2）在"效果"面板中，选择"音频效果"→"自适应降噪"效果，将其拖动到音频素材中，在"效果控制"的自适应降噪，执行"编辑"→"强降噪"命令，并将"降噪幅度"改为"30.00dB"，"噪声量"为"100.00%"，勾选"高品质模式"复选框，如图3-2-36所示。

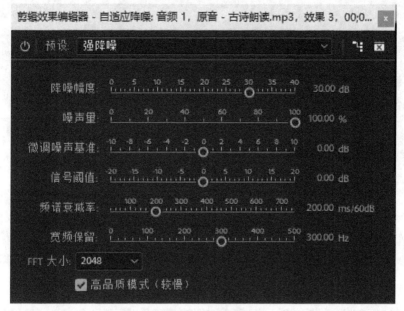

图3-2-36 强降噪

3）在"效果"面板中，选择"音频效果"→"消除嗡嗡声"效果，将其拖动到音频素材中，默认参数不修改，如图3-2-37所示。

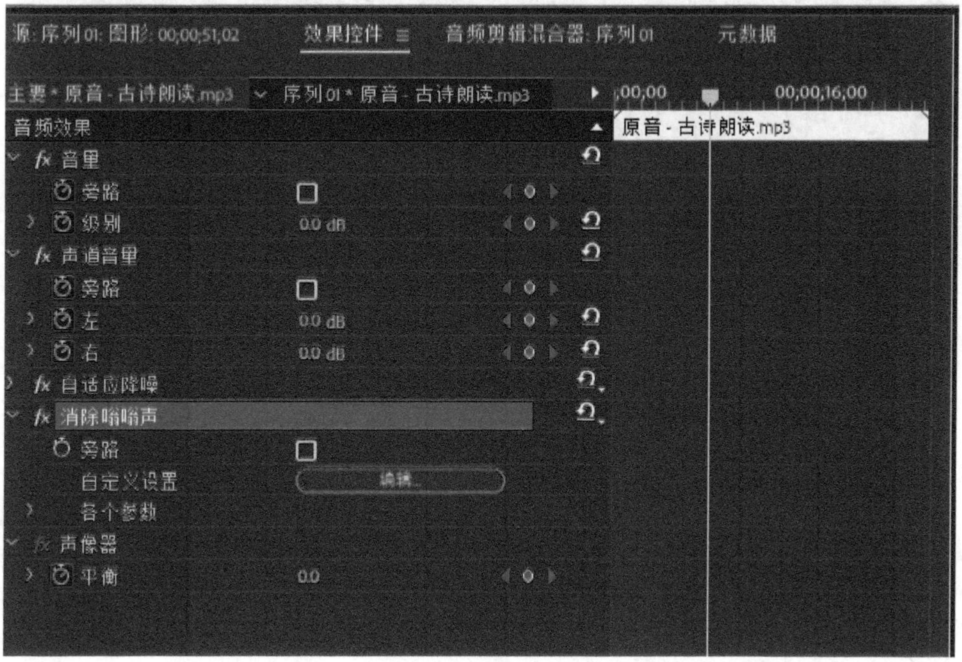

图3-2-37 消除嗡嗡声

4）用<Space>键播放或暂停音频，在每一句诗结束时打下标志。用"剃刀"工具根据内容分别裁剪音频，删除多余的语音，如图3-2-38所示。

5）根据视频内容，将视频文字与语音内容一一对应摆放，如图3-2-39所示。

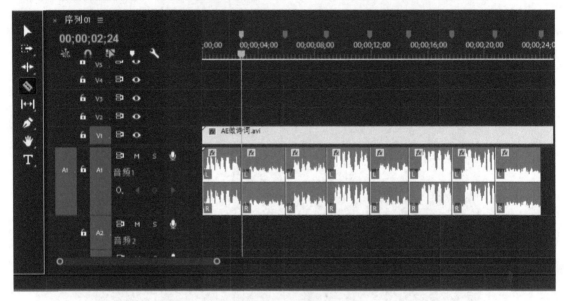

图3-2-38　裁剪音频

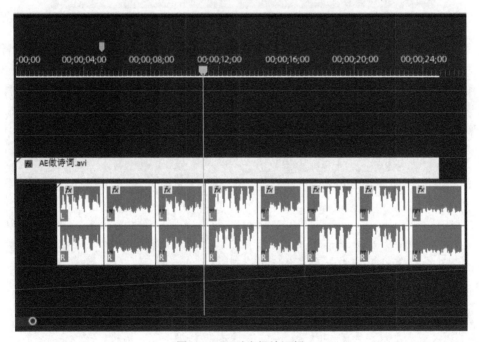

图3-2-39　对应摆放视频

6）将所有音量调整一致：全选所有音频，单击鼠标右键，在弹出快捷菜单中，执行"音频增益"命令，如图3-2-40所示。在弹出的"音频增益"对话框中，选择"标准化所有峰值为：0dB"，如图3-2-41所示。

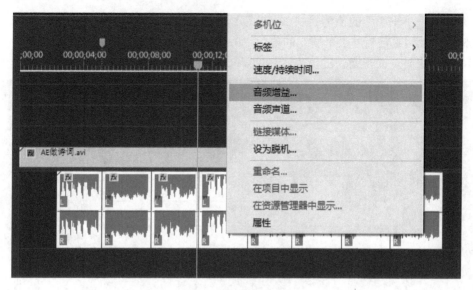

图3-2-40　音频增益

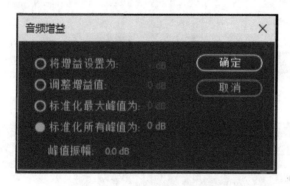

图3-2-41　标准化所有峰值

5. 加入背景音乐

1）在音频轨1上加入素材"纯音乐-夜晚岳麓山清风泉流水声.mp3"，音频轨2上加入素材"纯音乐-原声画眉鸟鸣声.mp3"，并根据页面显示的诗词文字，按住<Alt>键拖动复制音频轨1中对应的句子音频，放在音频轨3上，与画面一一对应，如图3-2-42所示。

2）最后留白3s，用"剃刀"工具裁剪删除多余音频，如图3-2-43所示。

3）双击打开音频轨1，为流水声添加关键帧，前后分别增加渐入和渐出效果，如图3-2-44所示。

4）双击打开音频轨2，选择小鸟叫声音频，在"效果控件"中的"声道音量"上添加关键帧。

在开始处，"左"声道为"0.0dB"，"右"声道为"-287.5dB"。

5s之后，"左"声道和"右"声道均为0.0dB。

在音频结束前5s，打下关键帧，"左"声道和"右"声道均为"0.0dB"。

音频最后，"左"声道为"-287.5dB"，"右"声道为"0.0dB"。

5）在"效果控件"中的"声像器"上添加关键帧。

在开始处，"平衡"的值为"–100.0"。

在5s后以及结束前5s，"平衡"的值为"0.0"。

在音频结束时，"平衡"的值为"100.0"，如图3-2-45所示。

图3-2-42　拖入背景音乐图

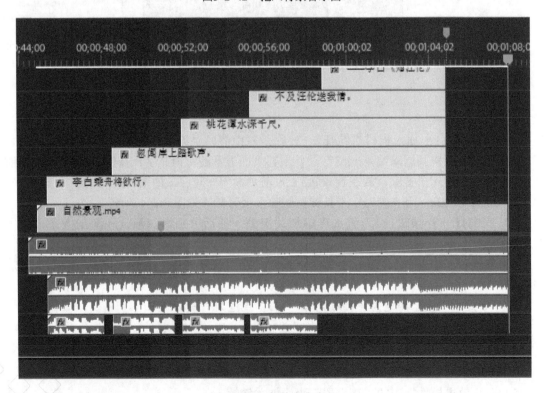

图3-2-43　裁剪多余音频

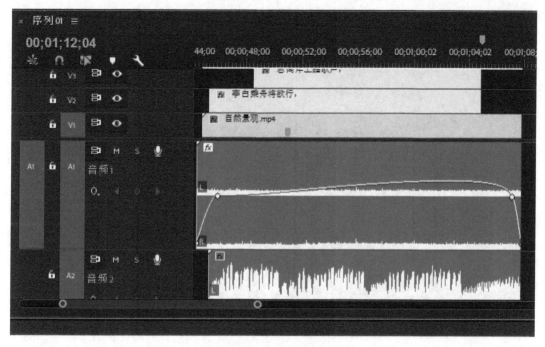

图3-2-44 渐入渐出

图3-2-45 鸟叫声关键帧

6．增加字幕渐出特效

1）选择视频轨2中的字幕文件"李白乘舟将欲行"，在"效果"面板中选择"视频效果"→"变换"→"裁剪"效果，将"裁剪"特效拖动到字幕文件中。

打开"效果控件"面板，在字幕开始处及这句诗的音频结束时，分别在"裁剪"效果的"底部"打上关键帧，如图3-2-46所示。

在开始的关键帧上，"底部"的数值为"100.0%"，"羽化边缘"数值为"10"。

在第2个关键帧处，"底部"的数值为"0.0%"，"羽化边缘"数值为"10"。

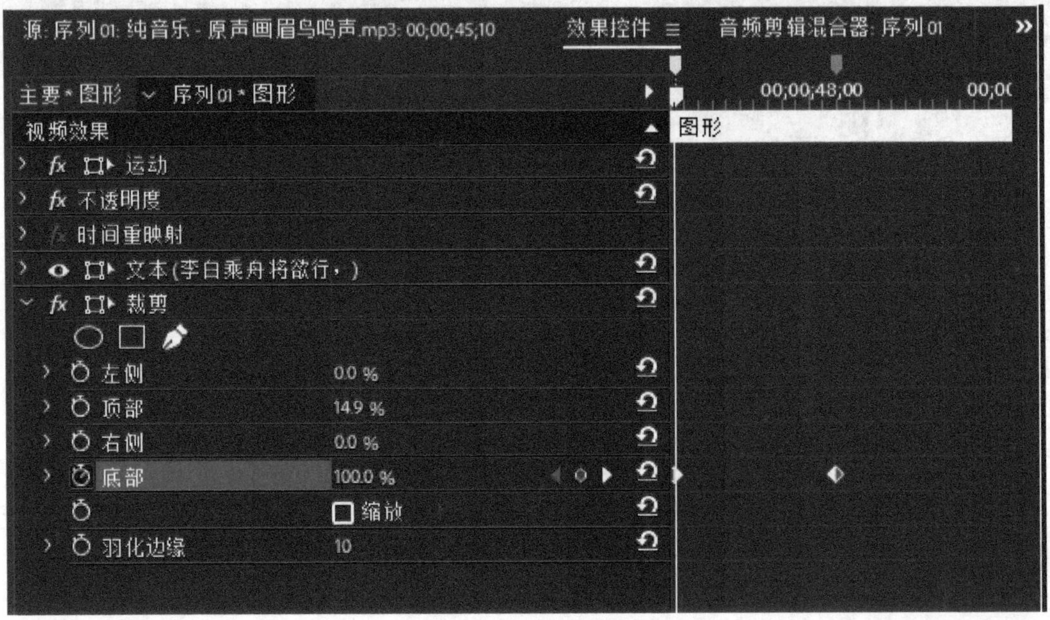

图3-2-46　裁剪底部

2）继续为其他4个字幕文件加入"裁剪"→"底部"特效。

7. 渲染导出视频

执行"文件"→"导出"→"媒体"命令，输入文件名为"古诗词欣赏"，设置存储路径，单击"导出"按钮导出视频。

◆　课后练习

本案例中制作了《赠汪伦》这个视频，但是作为一个古诗词欣赏影片，没有把前面视频的其他语句都表现出来，似乎太可惜了，请根据其中的句子补充完整。

◆　归纳总结

1）制作文字的同时，应该配合所使用的场景，注意大小和色彩搭配

2）使用After Effects脚本前，需要先把脚本文件复制到根目录的"Script"文件夹中。有很多有趣的脚本文件，可以根据使用场景选择使用。

3）自己录音时要记得关闭该音频轨的声音，以防止出现回音。

综合案例3　地形地貌介绍

◆　**学习指导**

通过地形地貌介绍片的视频制作，让大家熟悉Premiere关键帧与路径的创建方法、多机位剪辑、蒙版遮罩以及时间重映射等操作。

◆　**案例描述**

彩虹影视公司接到了一个培训班的订单，客户要求制作一个地理教学视频，包括关于地形地貌的视频简介、中英对照、音乐。地理教学视频要求短小精悍，能清晰地看到各种地形图，可作为上课的引入型素材。

◆　**案例分析**

1）"短小精悍"意味着视频不宜过长，3min之内即可。

2）上课的引入型素材需要搭配动感的音乐及特效，以达到吸引学生注意力的目的。

3）上课用的引入素材不需要大量的文字。

◆　**效果预览**

效果如图3-3-1～图3-3-6所示。

图3-3-1　聚光灯效果

图3-3-2　各个地貌的名称

图3-3-3　黑白怀旧

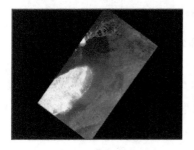

图3-3-4　旋转出现

图3-3-5　多机位剪辑

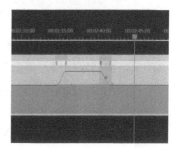

图3-3-6　时间重映射

◆ 操作步骤

1. 聚光灯放大片头

1）导入所有素材，新建"序列01"，将"山.jpg"拖入视频轴1，播放时间为10s，如图3-3-7所示。

2）按住<Alt>键，拖动复制视频轴1上的素材，放在其上方视频轴2上，如图3-3-8所示。

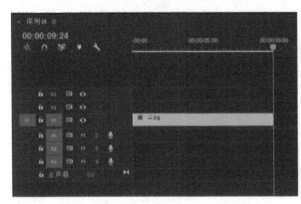

图3-3-7　新建序列

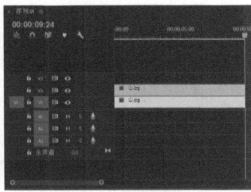

图3-3-8　复制素材

3）在"效果"面板中选择"视频效果"→"图像控制"→"黑白"效果，如图3-3-9所示。将该效果拖到视频轴1的素材"山.jpg"上，使其变成黑白色，如图3-3-10所示，视频轴2的颜色不变。

图3-3-9　黑白特效

图3-3-10　画面效果

4）选择视频轴2的素材"山.jpg"，在"效果控件"面板中，在"fx不透明度"栏目下，单击"创建椭圆形蒙版"按钮，如图3-3-11所示。

在画面上，画出一个正圆并摆放在画面左上角，如图3-3-12所示。

5）时间调回00:00:00:00，在"效果控件"面板的"蒙版路径"上打下关键帧，"蒙版羽化"值改为"50.0"，如图3-3-13所示。

在00:00:01:00处，移动画面中的圆形，置于画面左下角，如图3-3-14所示。

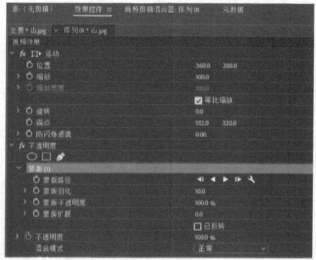

图3-3-11 新建蒙版

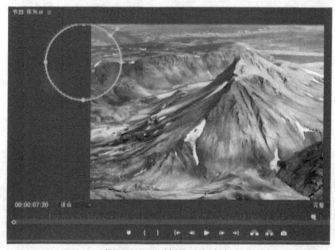

图3-3-12 放置于左上角

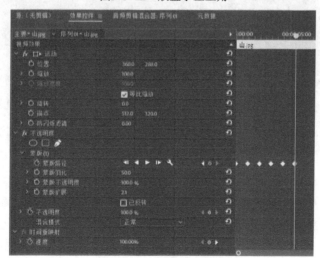

图3-3-13 蒙版路径变换

图3-3-14　每隔一秒变换

　　以此类推，每隔1s将蒙版绕着山顶微移一点。在00:00:05:00时，蒙版停留在画面右上方山顶处。

　　6）将时间定位在00:00:09:24处，单击增加蒙版路径，在画面中单击正圆形上下左右4个节点，放大圆形，直到覆盖整个画面，使得画面颜色变成彩色，如图3-3-15所示。

图3-3-15　放大圆形范围

　　7）在视频轨1上再次拖入素材"山.jpg"，新增"旧版标题"，输入文字"神奇大自然"，设置"字体系列"为"方正兰亭超细黑简体"，"字体大小"为"87.0"，"填充类型"为"消除"，向外描边，"类型"为"边缘"，"填充类型"为"实底"，"颜色"为白色，其他参数不变，如图3-3-16所示。

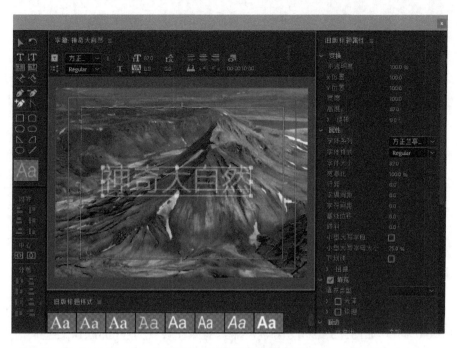

图3-3-16 加入标题文字

8）将标题拖入视频轨2，将时间调整到字幕开始处，即00:00:10:00处，在"效果控件"面板中，将字幕缩放为0并打下关键帧，如图3-3-17所示。

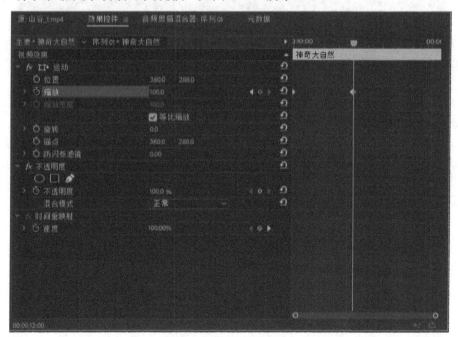

图3-3-17 添加缩放关键帧

将时间调整到00:00:12:00处，在"效果控件"面板中，将字幕缩放为100，再次打下关键帧，如图3-3-18所示。

211

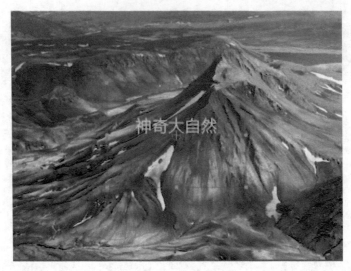

图3-3-18 缩放效果

9）在00:00:12:00处为字幕的"不透明度"打下关键帧，在00:00:14:22处将"不透明度"改为"0.0%"，如图3-3-19所示。将字幕与背景图设置为在00:00:14:23处同时结束。

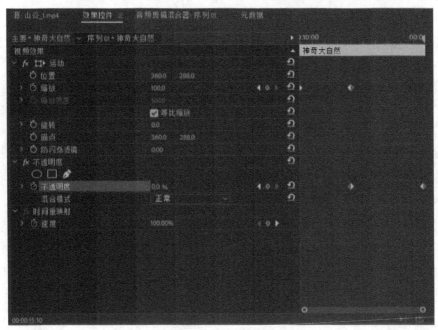

图3-3-19 不透明度关键帧

2. 弹出四张选项图

1）添加"旧版标题"，命名为"山谷"。输入文字"山谷Valley"，选择较粗的"字体系列"为"Showcard Gothic"，"字体大小"为"60.0"，居中，填充的"颜色"为"白色"，如图3-3-20所示。

2）在视频轨2中00:00:15:12处，拖入字幕文件。在视频轨1中同样的时间处，拖入素材"山.jpg"，如图3-3-21所示。

图3-3-20　输入文字

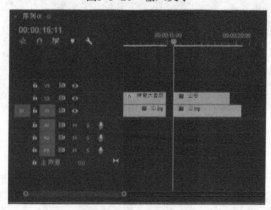

图3-3-21　放入素材

3）在"效果"面板中，选择"视频效果"→"键控"→"轨道遮罩键"效果，将"轨道遮罩键"效果拖到视频轨1的"山.jpg"素材上，如图3-3-22所示。

在左侧"效果控件"面板中，"遮罩"选择"视频2"，如图3-3-23所示。

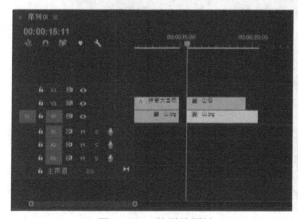

图3-3-22　轨道遮罩键

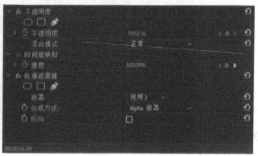

图3-3-23　修改遮罩层数

213

"轨道遮罩键"这个功能要拖到用做"纹理底色"的素材上，不要拖到字幕中。除了可以用文字做遮罩，还可以用各种形状做遮罩。

4）再新建3个"旧版标题"，分别填写文字"火山VOLCANO""悬崖CLIFF"和"瀑布WATERFALL"，配合素材"火.jpg""石.jpg"和"水.jpg"，分别制作质感文字，如图3-3-24所示。

图3-3-24　遮罩层效果

5）分别选择以上4个字幕文件，单击"效果控件"面板中的"不透明度"，添加关键帧，使其在2s之内"不透明度"的值从"0%"逐渐变成"100%"，如图3-3-25所示。

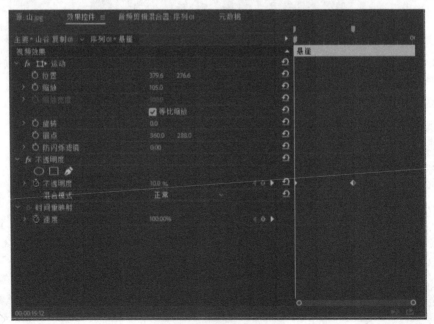

图3-3-25　不透明度关键帧

3. 瀑布片段

1）将素材"瀑布.mp4"拖入视频轨1，与前面视频内容保持1s的距离，用"剃刀"工具裁剪出25s的瀑布内容，如图3-3-26所示。

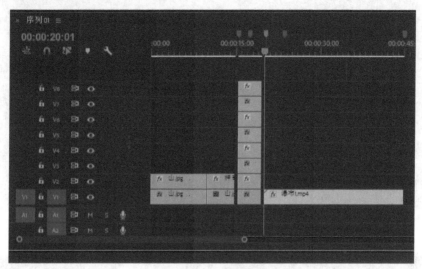

图3-3-26 裁剪视频

2）打开"效果控件"面板，将时间移到"瀑布.mp4"素材的入点，添加"位置"关键帧，将短片移动到画面左上角，如图3-3-27所示。

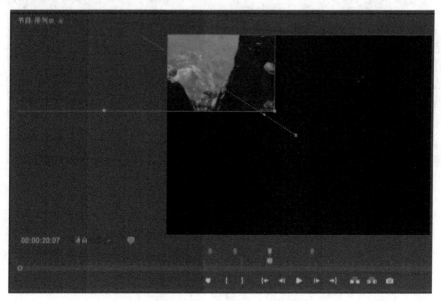

图3-3-27 添加位置关键帧

3）素材播放3s后，新增关键帧，将短片移动到画面的正中间，并放大填满页面，如图3-3-28所示。

4）在视频轨的素材短片上单击鼠标右键，在弹出的快捷菜单中，执行"取消链接"命令，删除音频，如图3-3-29所示。

图3-3-28　放在中间

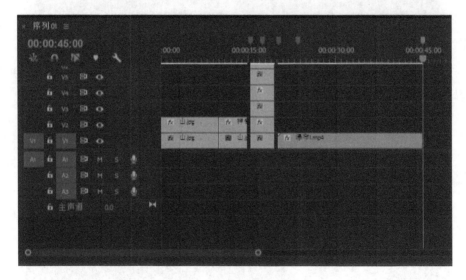

图3-3-29　删除音频

5）将播放指示器停放在"瀑布.mp4"素材的最后10s处，用"剃刀"工具切分，如图3-3-30所示。

6）打开"效果"面板搜索"黑白"，将"黑白"效果拖到后半部分素材处并添加矩形蒙版，框选整个画面，如图3-3-31所示。

在视频的入点添加"蒙版不透明度"关键帧，数值为"0.0%"。

在视频的中间添加"蒙版不透明度"关键帧，数值为"100.0%"。

7）打开"效果"面板搜索"杂色"，将"杂色"的效果拖到后半部分素材处，如图3-3-32所示。

在视频的中间添加"杂色数量"关键帧，数值为"0.0%"。

在视频的出点添加"杂色数量"关键帧，数值为"40.0%"。

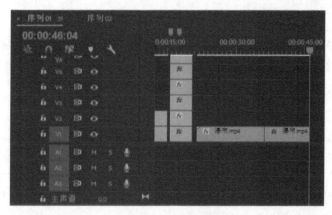

图3-3-30 裁切视频

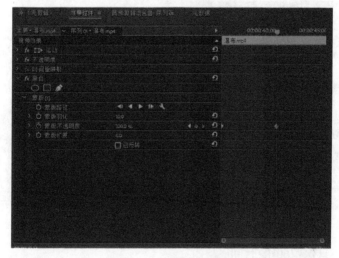

图3-3-31 蒙版不透明度

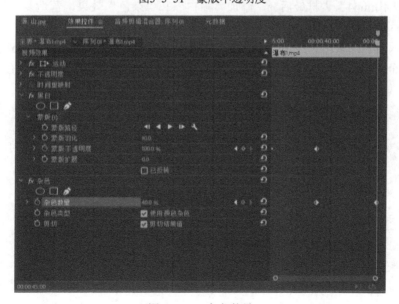

图3-3-32 杂色数量

除了直接使用"黑白"效果外，还可以使用"亮度与对比度"效果进行微调。Premiere 2018版内置了"Lumitri预设"，里面有大量类似电视电影片段的特效，可以直接调用并根据要求微调。

4. 火山片段

1）将素材"火山.mp4"拖入视频轨1，与前面视频内容保持1s的距离。

2）打开"效果控件"面板，将时间移到"火山.mp4"素材的入点，添加"缩放"关键帧，数值为"10.0"。添加"旋转"关键帧，数值为"0.0"，如图3-3-33所示。

3）将时间移到4s之后，添加"缩放"关键帧，数值为"100.0"。添加"旋转"关键帧，数值为"360.0"，如图3-3-34所示。

图3-3-33　入点　　　　　　　　　　　　　　图3-3-34　4s后

4）裁剪片段，只保留60s的时间。

5）在"火山.mp4"素材最后5s，添加"黑白"和"杂色"效果，营造复古怀旧感。

5. 悬崖片段

1）在"项目"面板上，按住<Ctrl>键，选两个"悬崖"素材，如图3-3-35所示。

2）在两个"悬崖"素材上单击鼠标右键，在弹出的快捷菜单中，执行"创建多机位源序列"命令，如图3-3-36所示。

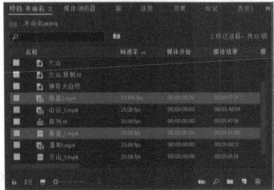 

图3-3-35　多选素材　　　　　　　　　　　　图3-3-36　创建多机位源序列

3）在打开的"创建多机位源序列"对话框中（见图3-3-37）无须修改参数，直接单击"确定"按钮生成多机位源序列。

Premiere将在"项目"窗口生成一个名为"处理的剪辑"的素材箱，里面装的是刚才选的两个源素材。另外，还会生成一个标注着"多机位"的序列，如图3-3-38所示。

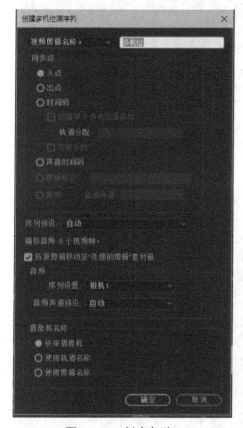

图3-3-37　创建序列　　　　　　　　　　　　图3-3-38　生成文件

Tips

生成多机位源序列，最重要的一项是"同步点"，也就是两段视频从哪一段开始重合，默认"入点"为同步点。如果是在同一时间的不同角度拍摄同一物体，则可以勾选"音频"复选框，挑选主音频作为背景。

4）新建"序列02"，在"节目"面板右下角单击"按钮编辑器"，将"切换多机位视图"按钮拖动到下方按钮栏中，如图3-3-39所示。

5）单击"切换多机位视图"按钮，将刚才新建的多机位源序列（即"悬崖_1.mp4多机位"）拖动到"序列02"中，如图3-3-40所示。可以更改序列设置。

6）在"节目"面板中单击"播放"键，分别单击想要保留的画面即可来回切换剪辑片段，如图3-3-41所示。

7）裁剪30s的片段，在视频轨1上单击鼠标右键，在弹出的快捷菜单中，执行"取消链接"命令，将多余部分用"剃刀"工具删除。

8）复制剪切好的多机位片段，打开"序列01"，粘贴在离上一个片段1s后的位置。再次单击"切换多机位视图"按钮，切换回常用视图样式。

图3-3-39　按钮编辑器

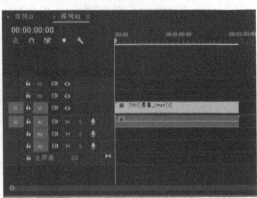

图3-3-40　拖动多机位源序列

图3-3-41　来回点选片段

Tips

"多机位剪辑"所需的视频短片越多越完整越好，除了内容一致外，拍摄源素材时，相机参数设置最好尺寸一致，分辨率和质量一致，最终成果出来会更加流畅。

6. 山谷片段

1）将"山谷"的视频素材拖入"序列01"的视频轨1中，单击鼠标右键，在弹出的快捷菜单中，执行"取消链接"命令，删除音频。

2）将时间定位在需要加速的片段前，打开"效果控件"面板，找到最下方的"时间重映射"效果，在"速度"一栏，在所需要加速的片段时间节点打上关键帧，如图3-3-42所示。

3）双击视频轨1，放大视图，如图3-3-43所示。

4）单击"时间轴显示设置" 按钮，勾选"显示视频关键帧"复选框，如图3-3-44所示。

220

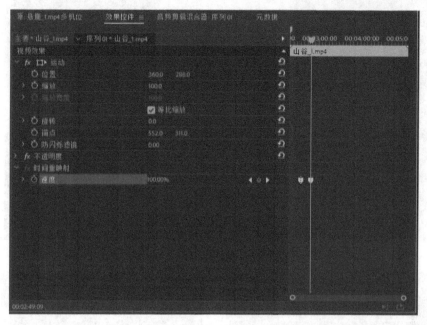

图3-3-42　时间重映射

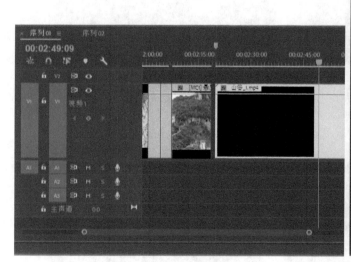

图3-3-43　放大视图

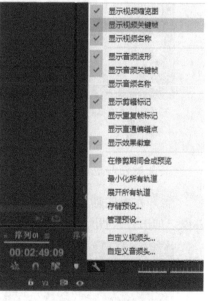

图3-3-44　显示视频关键帧

由于默认的时间轴关键帧是修改不透明度，所以将它改为"速度"。在时间轴上的素材上单击鼠标右键，在弹出的快捷菜单中，执行"显示剪辑关键帧"→"时间重映射"→"速度"命令，如图3-3-45所示。

5）单击关键帧位置，拖动关键帧，将它前后两个关键帧一分为二，如图3-3-46所示。

6）抓住关键帧中间的线条，往上拉，两边关键帧逐渐往回收，如图3-3-47所示。

221

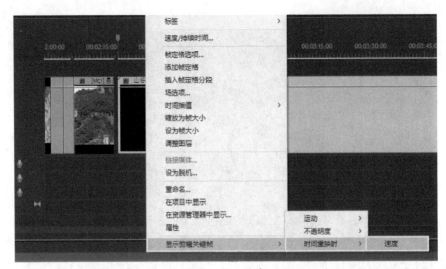

图3-3-45 速度

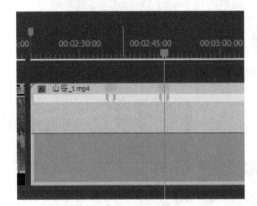

图3-3-46 将关键帧一分为二

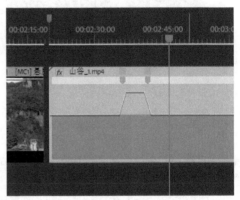

图3-3-47 往上拉线条

Tips

将关键帧两边往回收。关键帧之间越是靠近，这一段视频的播放速度越快。

7）单击时间轴上被一分为二的关键帧，如图3-3-48所示，即可将线条修改成更平滑的弧度，如图3-3-49所示，可让速度的变化更流畅。

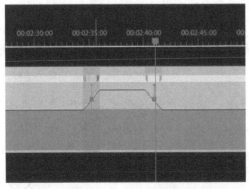

图3-3-48 分开关键帧

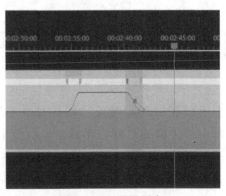

图3-3-49 平滑弧度

8）仅保留30s，多余的片段用"剃刀"工具切割删除。

9）导入音乐，拖放于音频轨1中，使其播放时间与视频轨一致，最后5s做音量渐出效果。

7. 渲染导出视频

执行"文件"→"导出"→"媒体"命令，输入文件名为"地貌介绍"，设置存储路径，单击"导出"按钮导出视频。

◆　课后练习

快到期末了，用摄影机或手机拍摄一部"视频版个人总结"，总结这个学期的收获与得失，记录这学期看过的书、遇见的人、经历的事、得过的奖、学到的教训，用Premiere做成视频短片好好保存，为自己一年的付出画上一个句号。

◆　归纳总结

1）关键帧与遮罩蒙版是好工具。

2）可以多尝试使用Premiere自带的"Lumetri"预设效果，方便快捷地得到影视片段的效果。

3）制作视频时，可灵活使用多机位剪辑工具以及时间重映射，可以自由地制作出你想要的有趣效果。